ÉTUDES SUR L'EXPOSITION UNIVERSELLE DE 1867.

Par M. R. RADAU.

Les nouvelles machines électriques.

Les effets merveilleux des nouvelles machines électriques sans frottement ont excité à un si haut point l'attention générale qu'il vaut la peine, ce semble, d'en faire l'histoire et de rechercher ce qui est neuf dans cette découverte. Nous savons que le principe sur lequel se fondent ces machines était donné depuis longtemps; mais, comme il arrive si souvent, on n'en soupçonnait pas la fécondité et on négligeait de l'approfondir; il a fallu attendre trois quarts de siècle qu'une main heureuse trouvât la combinaison qui réalise ces jolies *foudres portatives*.

On peut caractériser les nouveaux appareils en disant que ce sont des *duplicateurs à rotation*. Dans les traités, les duplicateurs se trouvent ordinairement décrits sous le nom de *condensateurs doubles;* mais il y là deux principes et deux modes d'action essentiellement différents et il vaudrait mieux, à coup sûr, les séparer par une distinction correspondante dans la désignation des appareils. Ainsi, je crois qu'il faudrait réserver le nom de *condensateur* aux appareils à l'aide desquels on parvient à fixer, à condenser sur une surface conductrice isolée une forte charge électrique que l'on puise au dehors et que l'on amène graduellement sur cette surface. Il convient, au contraire, d'appeler *multiplicateur* tout appareil qui a pour but de multiplier à l'infini, par des transports et des déplacements successifs, une faible charge une fois communiquée. Quand la progression a lieu suivant les puissances du nombre 2, du nombre 3,... on a un *duplicateur*, un *triplicateur*, etc.

Voici en quelques mots le principe du condensateur : lorsqu'on met en regard deux plateaux métalliques isolés et séparés par une plaque de verre, par une couche de vernis ou même seulement par une couche d'air, on peut communiquer au plateau *collecteur* une charge très-forte pourvu que l'autre, le plateau *condenseur*, soit mis en relation avec le sol. C'est que cette charge attire, à travers la lame isolante, le fluide de nom contraire du condensateur et repousse le fluide de même nom dans le sol. Les deux fluides qui s'attirent se collent en quelque sorte sur la lame isolante sans pouvoir se réunir : ils restent en observation l'un devant l'autre sur leurs frontières respectives et n'agissent plus au dehors; c'est ce qu'on nomme de l'électricité *dissimulée* ou *latente*. Si alors on éloigne la source électrique, qu'on supprime la communication avec le sol et qu'on écarte les deux plateaux, on trouve que les fluides se sont portés sur le verre; si l'on remet les plateaux et qu'on les réunisse par un arc conducteur, on obtient une forte décharge. En repliant les plateaux et le verre qui les sépare on en fait un bocal : c'est la bouteille de Leyde.

Pour faire un multiplicateur il faut au moins trois plateaux. Le premier reçoit une faible charge; on l'oppose au second, qui est mis en relation avec le sol. Aussitôt les fluides y sont décomposés par influence, l'un s'échappe par l'issue qui lui est ouverte, l'autre devient latent et on peut alors supprimer la communication avec le sol. On a doublé le capital primitif : si le premier plateau est chargé positivement, le plateau opposé renferme une charge négative équivalente. La communication passagère avec le sol s'obtient de la manière la plus simple en touchant le second plateau avec le doigt.

On répète la même opération avec le troisième plateau : on le fait communiquer avec le sol pendant qu'on lui oppose l'un des deux autres plateaux, il se charge alors d'électricité contraire, et le capital est triplé.

A partir de ce moment on peut suivre plusieurs méthodes pour augmenter davantage le fonds primitif d'électricité. Voici celle qui est employée par Peclet avec l'*électromètre conden-*

sateur à trois plateaux, qu'il a imaginé vers 1838, et qui donne, de tous, les effets les moins rapides. L'appareil consiste en trois plateaux superposés, A, B, C, dont le premier est monté sur un électromètre à feuille d'or qui sert à observer l'effet produit. Les deux autres ont des manches de verre pour les soulever. On commence par électriser le plateau supérieur C posé sur B, qui est posé sur A; on touche B avec le doigt et l'on obtient une distribution des fluides que nous représenterons en écrivant — B, + C. On enlève C et l'on touche A avec le doigt, on obtient + A, — B. Si maintenant on replace C sur B, il peut l'influencer de nouveau, car l'électricité acquise par B est dissimulée, et si ensuite on enlève C, après avoir touché B avec le doigt, on y laisse une nouvelle quantité — B, qui va rejoindre la première et qui dégage dans A une nouvelle quantité + A si on touche A avec le doigt. On a dès lors + 2A, — 2B. En répétant cette opération, on obtient + 3A, — 3B, et ainsi de suite; les charges augmentent en progression arithmétique.

Pour économiser des figures, nous représenterons désormais les résultats de ces opérations par des tableaux où des filets noirs signifient les plateaux, et le signe < le doigt qui enlève le fluide positif ou négatif. Voici donc le tableau figuratif du multiplicateur de Peclet.

MULTIPLICATEUR DE PECLET.

I.	I *bis.*	II.	II *bis.*
+C ▬	+C ▬	+C ▬	+C ▬
—B ▬ < +	—B ▬	—2B ▬ < +	—2B ▬
0A ▬	+A ▬ < —	+A ▬	+2A ▬ < —

III.	III *bis.*
+C ▬	+C ▬
—3B ▬ < +	—3B ▬
+2A ▬	+3A ▬ < —

Bien avant Péclet, le physicien anglais Bennett, l'inventeur de l'électroscope à feuilles d'or, avait fait connaître un duplicateur ou *doubleur* de l'électricité, formé également avec trois plateaux, mais qui augmente la charge originelle en progression géométrique dont la raison est 2. On commence par électriser le plateau inférieur A, on pose dessus B, le touche avec le doigt, et obtient + A, — B. Alors on enlève B, le pose sur C, touche C avec le doigt, et obtient — B, + C. Maintenant on replace B sur A dont on approche le bord de C, ou qu'on met en communication avec C par un fil conducteur. Alors — B se trouve en présence d'une charge positive double, et si on touche B avec le doigt, on obtient — 2B en face de — 2A, car la charge de C se porte dans A. On enlève C et on sépare A et B qui ont maintenant chacun une charge double, tandis que C ne renferme plus rien. Avec la charge — 2B, on développe dans C une nouvelle charge — 2C; on replace B sur A que l'on réunit à C et — 2B se trouve opposé aux charges — 2A et — 2C, qui se réunissent pour former — 4A si l'on touche B avec le doigt; en même temps — 2B devient — 4B, toujours par influence. Une troisième opération développe — 4C, que l'on réunit à — 4A pour former — 8A et, par influence, — 8B. En répétant m fois cette manipulation, on arrive à avoir dans A la quantité + 2^m.A, dans B la quantité équivalente — 2^m.B. Il est d'ailleurs indifférent de poser B sur A lorsqu'on réunit A avec C, ou de le laisser sur C; on aurait, dans ce dernier cas, + 2^m.C au lieu de + 2^m.A. Ce résultat sera mieux compris par l'inspection du tableau suivant.

DUPLICATEUR DE BENNETT.

I.		I *bis.*
—B ▬ < +	0C ▬	—B ▬
+A ▬		+A ▬ ..... +C ▬ < —

II.		II *bis.*
—2B ▬ < +	0C ▬	—2B ▬
+2A ▬		+2A ▬ ..... +2C ▬ < —

etc., etc.

Le doubleur de Bennett a été modifié de plusieurs manières dans ses détails par Cavallo et par Bohnenberger, qui l'a décrit dans un ouvrage spécial (*Beschreibung unterschiedener Electricitaels-Verdoppler*, Tubingue, 1798). Ces physiciens ont trouvé que l'appareil était *trop* sensible, parce qu'il révélait toujours une électricité appréciable après dix ou vingt manipulations même dans le cas où le plateau A n'avait pas été préalablement électrisé ; c'est qu'il se développe inévitablement une faible trace d'électricité par le frottement des plateaux que l'on pose l'un sur l'autre, et le jeu de l'appareil la multiplie rapidement. Il en résulte une cause d'erreur lorsqu'on veut faire servir l'appareil non pas comme source d'électricité, mais comme une sorte de microscope qui rend mesurable, en la grossissant, une tension électrique trop faible pour être éprouvée directement. Aussi M. Daguin, dans son *Traité de physique*, se borne-t-il à mentionner le nom de cet admirable appareil en ajoutant que Cavallo a reconnu qu'il y avait de nombreuses incertitudes dans la méthode de Bennett. On trouve encore le doubleur de Bennett décrit dans les *Tableaux de physique* de Barruel, dans le *Traité de télégraphie électrique* de l'abbé Moigno, dans Gehler, et dans beaucoup d'autres publications répandues.

Je ne sais si l'on a remarqué que le multiplicateur de Peclet peut être transformé en duplicateur, triplicateur, etc., et fournir une progression *géométrique* des charges, pourvu qu'on fasse alternativement jour au plateau supérieur C le rôle du plateau inférieur A, et *vice versa*. Si après m opérations doubles on fait changer de rôle ces deux plateaux, on obtient après n échanges une charge égale à m^n. Prenons, par exemple, $m = 3$. En continuant le tableau donné plus haut, on aurait :

MULTIPLICATEUR A TROIS PLATEAUX.

IV.	IV *bis.*	V.	V *bis.*
$+C$ ——	$+3C$ —— < -2	$+3C$ ——	$+6C$ —— < -3
$-3B$ ——	$-3B$ ——	$-6B$ —— $< +3$	$-6B$ ——
$+3A$ ——	....	$+3A$ ——	....
....	$+3A$ ——	....	$+3A$ ——

VI.	VI *bis.*	VII.
$+6C$ ——	$+9C$ —— < -3	$+9C$ ——
$-9B$ —— $< +3$	$-9B$ ——	$-9B$ ——
$+3A$ ——	....	$+3A$ ——
....	$+3A$ ——	....

etc., etc.

Le même effet est obtenu par le multiplicateur à quatre plateaux de Pfaff et Svanberg, que l'on peut dériver du précédent en doublant le plateau moyen B et en mettant les deux B en rapport par un fil conducteur, comme ci-après :

A   C
B —— B′

La série des opérations est la même que précédemment si on regarde B et B′ comme les deux moitiés d'un même disque : le fluide voyage alternativement de B en B′ et de B′ en B. Le tableau suivant fera mieux comprendre la marche à suivre (on a commencé par électriser C).

MULTIPLICATEUR DE PFAFF ET SVANBERG.

I.		I *bis.*	
....	$+C$ ——	....	$+C$ ——
$0A$ ——	$-B′$ —— $< +$	$+A$ —— $< -$	....
$0B$ ——		$-B$ ——	$-0B′$ ——

Par les opérations doubles II et III on amène respectivement dans A et B les quantités $+2A$, $-2B$ et $+3A$, $-3B$. Alors A et C changent de rôle, et on continue comme ci-après :

IV.   IV bis.

```
                                                +3A ———
+3A ———     +C ———             ............     +3C ———  ‹—2
—3B ———     0B′ ———             0B ———          —3B′———
```

Les opérations doubles V et VI amènent dans C et B′ les quantités $+6C$, $-6B'$ et $+9C$, $-9B'$ respectivement. On voit que deux séries de trois opérations donnent une charge de 3^2, trois séries donneraient 3^3, etc. On peut se demander quelle est la combinaison la plus avantageuse pour un nombre donné d'opérations $m \times n$. Nous avons vu que le résultat de n séries de m opérations s'exprime par m^n; en cherchant le maximum de cette fonction pour $mn = $ const. on trouve log. nat. $m = 1$, ou bien $m = 2.72$, et le nombre entier le plus voisin de cette valeur est 3. On obtient donc l'effet le plus rapide en procédant par séries de 3 opérations. Prenons, en effet, $mn = 24$, et essayons d'abord $m = 2$, $n = 12$, puis $m = 3$, $n = 8$, enfin $m = 4$, $n = 6$. Le résultat sera respectivement $2^{12} = 4096$, $3^8 = 6561$, et $4^6 = 4096$; le maximum correspond à $m = 3$.

Il paraît que l'on doit à Fechner un autre système de multiplicateur, mais je n'ai pu me procurer à cet égard des renseignements plus précis. Voici maintenant le système employé par M. Tœpler dans la machine dont nous allons avoir à nous occuper. Ce multiplicateur est encore à quatre plateaux qui se combinent alternativement deux à deux. On commence par électriser A, qui électrise B par influence. On fait passer la charge de B dans C, qui électrise D par influence. La charge de D va rejoindre celle qui est restée dans A, et la charge de A, devenue $+2A$ électrise B avec une force double. Le tableau suivant expliquera mieux ce nouveau système :

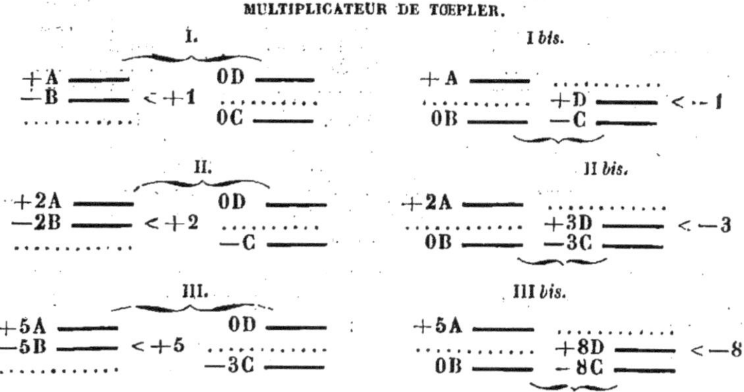

Cela donne pour B et D la progression $-1, +1, -2, +3, -5, +8, -13, +21, \ldots$ que l'on forme en ajoutant toujours chaque nouveau nombre au précédent.

Ce dernier système et celui de Bennett sont faciles à transformer en machines à fonctionnement continu. Le duplicateur de Bennett exige un mouvement de va-et-vient, le multiplicateur de M. Tœpler un mouvement de rotation.

Voici d'abord comment je crois qu'on pourrait réaliser le duplicateur oscillant. Pour plateaux on prendrait des plaques de verre métallisées. A et C seraient formés par une seule plaque et séparés par un espace non métallisé; pour les mettre en communication, on les amènerait sur un arc métallique. Les deux plaques (A, C) et (B) oscilleraient l'une devant l'autre en sens contraire. Quand B serait en face de A, il y aurait communication de A à C, et B se trouverait sous un fil en communication avec le sol; quand B serait en face de C, la communication entre A et C serait rompue et C serait sous un autre fil en rapport avec le sol. Voici les trois positions relatives des plateaux et des conducteurs au commencement, au milieu et à la fin d'une oscillation simple; les conducteurs, représentés par les flèches, et l'arc métallique, figuré par l'accolade, sont supposés immobiles.

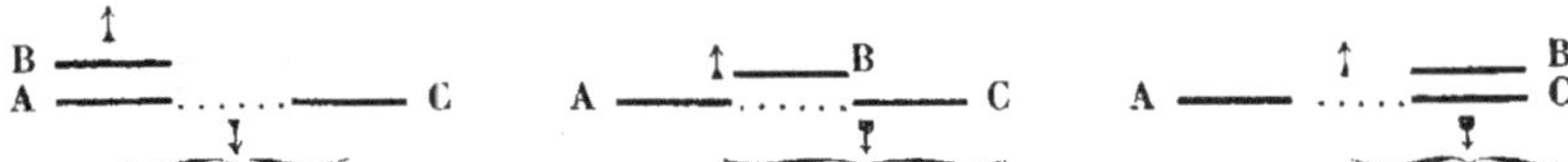

Les plaques pourraient glisser dans des rainures ou, si on leur donnait la forme de secteurs de cercle, osciller autour d'un axe de rotation. Dans ce dernier cas, on aurait un *pendule duplicateur.*

Pour réaliser le multiplicateur de M. Tœpler, il faut avoir deux plateaux mobiles qui tournent en face de deux plateaux immobiles. Voici comment M. Tœpler s'y est pris : les plateaux ont la forme de demi-cercles; A et C son immobiles, B tourne en face de A, et D en face de C, de manière que la rotation les superpose et les sépare alternativement ; B se superpose à A quand D se sépare de C, et *vice versa.* Quand B est en face de A et séparé de C, B se trouve amené sur un fil conducteur en rapport avec le sol, et D sous un fil en rapport avec A; quand, au contraire, B est séparé de A et D en face de C, B communique avec C et D avec le sol. La figure suivante représente ces deux positions dont l'ensemble constitue un tour complet.

MACHINE DE TOEPLER.

Position 1.   *Position 2.*

A ─────── D . . . . .   A ──── . . . . . D ───
B ─── . . . . ──── C   . . . B ─────── C

Maintenant, rien n'empêche de compléter les disques dont B et D représentent les moitiés, en séparant chaque disque par une bande diamétrale isolante et deux secteurs demi-circulaires. C'est comme si on supposait deux machines identiques dont l'une retarderait constamment sur l'autre d'un demi-tour. On voit en effet que l'on peut sans inconvénient superposer la *position* 1 à la *position* 2, comme ci-dessous :

MACHINE DE TOEPLER COMPLÈTE.

A ─────── D   D′
                            C
    B B′

Les plateaux A, B, D et C, B′, D′, forment deux systèmes séparés qui ne se gênent en aucune façon, et l'émission des fluides par les conducteurs opposés à B et à C a lieu presque sans interruption. En réunissant ces conducteurs au lieu de les mettre en rapport avec le sol, on obtient un courant d'étincelles.

L'inconvénient de la construction adoptée par M. Tœpler est qu'elle exige deux disques immobiles et deux qui tournent. Dans son dernier mémoire, M. Tœpler dit qu'il a essayé plusieurs dispositions nouvelles, mais sans grand succès; en voici une. Si, au lieu d'employer des plateaux semi-circulaires, on prend des quarts de cercle, les plateaux B, B′, D, D′ tiennent sur un seul disque tournant, auquel on oppose alors les deux quarts de cercle immobiles A et C. A reste toujours positif, C toujours négatif, chaque plateau mobile s'électrise pendant un demi-tour positivement, et pendant l'autre négativement. Quand deux plateaux mobiles passent en face de A et de C. ils se chargent en abandonnant les fluides contraires par les deux conducteurs opposés à A et à C : les deux autres plateaux sont en même temps en communication l'un avec A, l'autre avec C, et les fluides dont ils sont chargés se portent dans les plateaux A, C. Voici le plan de cette machine, la rotation étant de gauche à droite :

DUPLICATEUR A ROTATION.

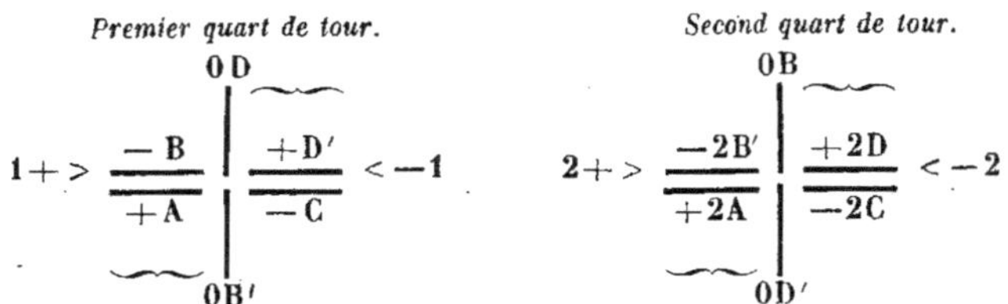

Dans la première figure, B′ communique avec A, et D avec C, pendant que B et D′ se chargent et abandonnent de l'électricité par les conducteurs; dans la seconde figure, D′ a pris la place de B′ et communique avec A, B a pris la place de D et communique avec C; pendant ce temps, B′ et D se chargent et cèdent leurs fluides libres aux deux conducteurs.

J'ai supposé que A et C ont été primitivement électrisés; alors les tensions deviennent 8 après un tour complet, 64 après deux tours, 8^m après m tours; si un seul des secteurs A, C avait été électrisé au début, le résultat serait $^1/_2\ 8^m$; bien entendu que dans toutes ces formules nous négligeons une foule de circonstances qui font qu'en réalité les résultats sont beaucoup moins considérables.

M. Tœpler a même trouvé que la combinaison ci-dessus ne donne pas de bons résultats, parce que la discontinuité des secteurs qui doivent se charger alternativement de + E et de − E, occasionne des renversements du courant. Il faut donc conserver les deux plateaux fixes et les deux disques tournants, qui s'électrisent *chacun dans un seul sens*. La machine de Tœpler, exposée par M. Wesselhœft dans la section russe, a un générateur de cette construction; on y voit seulement les deux demi-cercles de chaque disque tournant remplacés par quatre quarts de cercle. On renforce le courant du générateur en le faisant passer par une série de plateaux et de disques disposés d'une manière analogue; tous les disques tournent sur le même axe, et leur action réunie produit des courants très-intenses avec une charge primitive insignifiante.

Une machine aussi sensible doit s'électriser spontanément par le simple frottement des conducteurs qui balaient la surface des plateaux. C'est, en effet, ce que M. Tœpler a observé souvent avec sa machine; nous avons vu que le duplicateur de Bennett offrait le même phénomène.

Il faut dire maintenant que, dès 1787, Darwin a fait connaître un duplicateur à rotation, formé de quatre plateaux, dont deux mobiles; un rouage les amenait dans des positions alternantes et on les touchait avec le doigt pour les charger. Cela montre que Darwin n'avait pas en vue la création d'un électromoteur, mais bien celle d'un électroscope, puisqu'il n'utilisait pas les fluides rejetés au dehors. Un an après, Nicholson communiquait à la Société royale de Londres un duplicateur à rotation (*revolving doubler*) formé de trois plateaux et d'une boule, mais d'un système très-différent de ceux que nous avons décrits (1). Le plateau mobile B passait toujours devant les plateaux immobiles A et C. Quand il était en face de A, il se trouvait en rapport avec une boule creuse de laiton D, qui avait été préalablement chargée d'électricité positive. En même temps, A communiquait alors avec C. L'électricité de la boule passait dans B, le fluide + B fixait − A, et C se chargeait positivement, car on ne touchait pas les plateaux et les fluides qui se décomposaient étaient forcés d'y rester et de s'y distribuer. Quand B passait ensuite devant C, ce dernier plateaux était mis en rapport avec la boule et lui cédait son fluide positif en s'électrisant lui-même négativement. Voici comment on peut représenter le jeu de cet appareil.

DUPLICATEUR DE NICHOLSON.

I.   1 *bis.*

+B ——— {——— 0 D   +2D ——— }——— +B

−A ——————— +C   −A ——— }——— −C

---

(1) *Philosophical Transactions*, 1788, II; *Journal de Gren*, II, 61; *Bibliothèque britannique*, 1798; *Annales de chimie*, XXIV, 327.

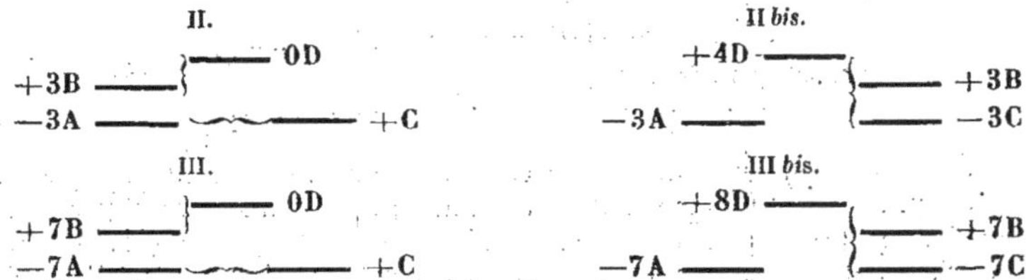

Bohnenberger a modifié cet appareil en remplaçant le mouvement de rotation du plateau B par un mouvement de va-et-vient. Il a constaté que le duplicateur de Nicholson ne fonctionnait jamais aussi bien que celui de Bennett. La construction du premier se réduit d'ailleurs à celle du second si l'on fait aboutir les deux conducteurs de Bennett non plus au sol, mais à la boule D. On pourrait donc disposer l'appareil de Nicholson comme le duplicateur oscillant que j'ai indiqué plus haut.

MM. Moigno et Raillard ont fait construire, paraît-il, en 1839, un duplicateur à quatre plateaux qui étaient mis en mouvement par une manivelle et qui fournissait de fortes étincelles. « A cette époque malheureusement, dit l'abbé Moigno, le caoutchouc et la gutta-percha n'étaient pas employés électriquement. les plateaux des condensateurs étaient séparés et isolés par des plaques de verre dont l'épaisseur était beaucoup trop grande, qui faisaient beaucoup trop de bruit et se brisaient souvent. Nous nous contentâmes donc d'un succès théorique (1)...... »

Goodman, de Birmingham, a également essayé de construire un appareil de ce genre dans le but de le faire servir à la décomposition de l'eau ; mais il s'y est mal pris et n'a pas obtenu de résultat satisfaisant (2).

M. A. Tœpler, professeur à l'institut polytechnique de Riga, a fait connaître sa machine, d'abord dans le *Journal de Riga* du 7 janvier 1865, puis dans les *Annales de Poggendorff* (1865, n° 7, 1866, n° 2, et 1867). Vers la même époque, M. W. Holtz, de Berlin, construisait une autre machine électrique sans frottement dans laquelle un disque de verre, c'est-à-dire une *substance isolante*, remplit la fonction de condensateur. Cette machine fut présentée à l'Académie des sciences de Berlin, par M. Poggendorff, en avril 1865, et décrite peu de temps après par M. Holtz lui-même dans les *Annales de Poggendorff* (1865, n° 9 et 1866, n° 2). Elle donne des effets de tension plus considérables que ceux que l'on peut obtenir avec la machine de Tœpler, et fournit des étincelles aussi éblouissantes que celles des appareils d'induction. Nous allons essayer d'en faire comprendre le principe, quoiqu'il y ait encore dans le jeu de la machine de Holtz beaucoup de points inexpliqués.

L'élément essentiel de cette machine est une sorte d'électrophore tournant. Que l'on se figure un disque de verre mis en rotation devant un autre disque qui, en un point de sa circonférence, porte une armature de papier, électrisée directement, tandis qu'au point opposé du contour il est ébréché par une entaille plus ou moins considérable. On peut même, au lieu d'un disque ébréché, employer simplement un demi-disque, comme l'a fait plus tard M. Tœpler. En avant du disque tournant, du côté opposé au disque fixe, sont disposés deux conducteurs, l'un à la hauteur de la brèche, l'autre de la plaque de papier. L'électricité du papier, que nous supposerons négative, polarise les fluides dans la partie opposée du disque mobile, — E s'échappe par le conducteur, + E se trouve attiré par le fluide négatif de l'armature. Quand la rotation éloigne ce + E du voisinage de l'armature, une partie devient libre, mais une autre est attirée par le verre du disque immobile où elle polarise à son tour les fluides. Après un demi-tour, le même + E se trouve en face de la brèche, il reprend tout à fait sa liberté et s'écoule par le deuxième conducteur. On peut figurer ces trois phases par le diagramme suivant :

---

(1) *Les Mondes*, 23 mai 1867, p. 165.
(2) Sturgeon, *Ann. of electricity*, vol. VI, 1841.

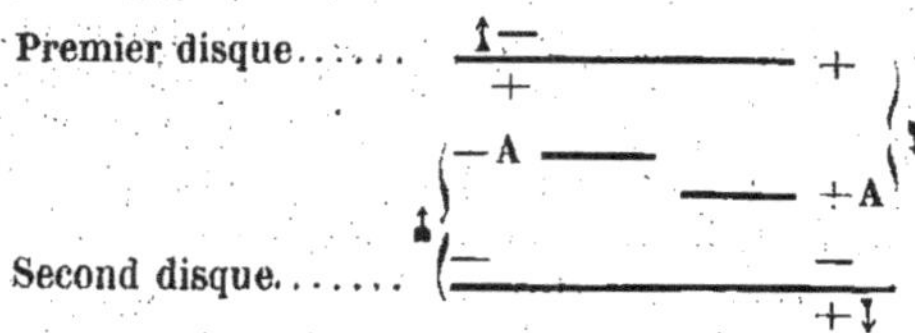

En tournant toujours, on obtiendra de cette façon un courant continu entre les deux conducteurs qui reçoivent les deux fluides contraires; mais il faudra sans cesse fournir de l'électricité à l'armature, qui abandonnée à elle seule s'épuise bientôt. On y arrive par l'application du principe des duplicateurs. On peut, par exemple, ainsi que l'a fait M. Tœpler dans un appareil d'étude, disposer à côté l'un de l'autre deux disques tournants et deux plateaux fixes, de manière que le $+$ E du premier disque tournant soit amené dans l'armature du second plateau, et le $-$ E du second disque dans l'armature du second plateau :

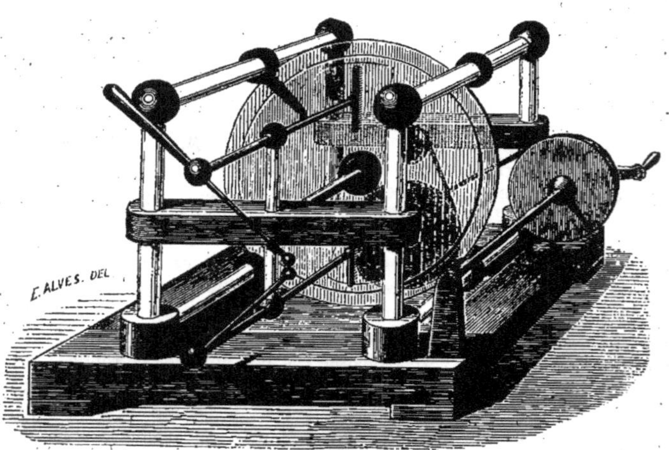

M. Holtz a condensé cette disposition dans un seul disque, tournant en regard d'un plateau qui a deux armatures à côté de deux brèches ; les brèches précèdent les armatures

Machine électrique de Holtz.

dans le sens de la rotation. Supposons que l'armature $-$ A chasse $-$ E dans le premier conducteur et que $+$ E, emporté par la rotation du disque, se présente à la brèche opposée : une partie passera dans le deuxième conducteur, une autre dans l'armature $+$ A, qui s'avance en pointe dans cette brèche. La partie ainsi dépolarisée du disque sera ensuite polarisée en sens opposé par l'armature $+$ A ; elle cédera $+$ E au conducteur positif et apportera $-$ E à l'armature $-$ A et au conducteur négatif :

MACHINE DE HOLTZ.

Premier demi-tour. *Second demi-tour.*

Pendant la rotation, la moitié du plateau mobile devant laquelle passe le $+$ E dégagé sur le disque mobile par l'armature $-$ A sera polarisée en sens opposé à l'autre moitié où défile le $-$ E dégagé par l'armature $+$ A. Au lieu de deux armatures et deux brèches (leur ensemble fait deux *éléments*) on peut en employer quatre, six, etc., disposés symétriquement sur le contour du plateau fixe. En augmentant le nombre des éléments, on accroît la quantité de l'électricité, mais l'on diminue en même temps la distance explosive.

M. le professeur Pisko, de Vienne, l'un des physiciens allemands les plus compétents, m'a fait remarquer que le jeu de la machine de Holtz repose peut-être sur la condensation des fluides opposés dans les deux boules des conducteurs. Cette condensation périodique paraît en effet nécessaire pour expliquer les étincelles, mais je crois que les armatures dont les pointes soutirent une partie des fluides du disque tournant jouent néanmoins un rôle important dans la production de l'électricité que la machine fournit en quantité si considérable; elles justifient le rapprochement que j'établis entre les machines de Tœpler et de Holtz. J'avoue d'ailleurs que la machine de Holtz me paraît difficile à expliquer.

M. Bertsch a essayé, l'année dernière, de simplifier cet appareil en remplaçant le plateau fixe et ses armatures de papier par un ou plusieurs secteurs d'une substance isolante que l'on électrise préalablement en les frictionnant. Mais la machine de M. Bertsch semble être plutôt un simple électrophore à effet continu qu'un multiplicateur comme celle de M. Holtz, car il est difficile d'admettre que les secteurs en substance isolante reçoivent quelque chose en retour du disque tournant dont ils polarisent les fluides. La bouteille de Leyde, qui fait partie de la machine de M. Bertsch, exposée dans la section française, est probablement indispensable. Avant M. Bertsch, M. Piche a proposé une autre disposition identique à celle qui vient d'être décrite, à cela près que M. Piche emploie un disque en fort papier et un ou plusieurs secteurs fixes également en papier, que l'on électrise préalablement. Il est probable qu'il faut ici considérer le papier comme une substance imparfaitement isolante; M. Piche conseille d'ailleurs de recouvrir le disque d'une couche de gomme-laque.

M. Tœpler a fait une série d'expériences comparatives sur les machines sans frottement, à disque armé (système Tœpler), et à disque non armé (système Holtz). De cet examen il résulte :

1° Que les appareils à disque isolant (Holtz) donnent des courants continus et des effets de tension très-considérables. Ils ont besoin d'être amorcés et exigent une isolation très-parfaite de toutes les parties (1).

2° Que les appareils à disques conducteurs (Tœpler) donnent des courants discontinus, à cause de la séparation inévitable des secteurs sur les disques mobiles, et que leur distance explosive est limitée. En revanche, ils sont plus sensibles, fonctionnent plus sûrement et peuvent se charger spontanément. La meilleure combinaison serait probablement celle d'un générateur de ce système avec un simple électrophore tournant, composé d'un élément Holtz.

La machine de M. Holtz fournit rapidement une quantité extraordinaire d'électricité de tension : c'est là ce qu'il y a de plus clair dans son fonctionnement. Elle peut remplacer la machine d'induction pour produire la lumière stratifiée dans les tubes de Geissler, pour décomposer l'eau, pour donner de fortes commotions sans bouteille de Leyde, etc. Un disque de 30 centimètres à deux éléments donne des étincelles de 8 centimètres, un disque de 50 centimètres donnerait des étincelles de 13 centimètres, etc.

MM. Piche et Bertsch obtiennent également des effets très-remarquables avec leurs nouveaux appareils; mais nous nous dispenserons d'entrer ici dans les détails de construction, qui ne se comprendraient pas sans de nombreuses figures, et qui d'ailleurs sont modifiés d'un jour à l'autre.

Les nouvelles machines transforment directement en électricité le mouvement de rotation d'un volant. On les amorce avec une minime quantité de fluide électrique tout préparé;

---

(1) M. H. Morton a vu une machine de Holtz cesser de fonctionner sans cause apparente; il s'est trouvé ensuite que l'interruption était due à l'état des bandes de papier. Il faut qu'elles soient isolées sur leurs bords, sans cela il y a épanchement de la charge. La qualité du verre est d'ailleurs également importante, beaucoup de verres n'isolent presque pas.

dans la machine de Tœpler, lorsqu'elle se charge spontanément, le phénomène est dû, selon toute probabilité, au frottement des conducteurs sur les disques mobiles ou à une cause analogue.

Cette première provision d'électricité qui amorce la machine est comme une sorte de ferment électrique qui détruit l'équilibre originel des polarités opposées, en réveille l'anta gonisme endormi et excite le jeu des transmutations. C'est ainsi qu'une horloge toute montée ne commence à marcher que si on pousse le balancier, ensuite la pesanteur se charge et du balancier et des aiguilles : il n'y a que le premier pas qui coûte.

La machine une fois mise en train, on n'a plus qu'à tourner la manivelle pour entretenir les courants ou les jets d'étincelles; ils s'alimentent directement de la force mécanique qui détermine la rotation d'un disque de verre. Cet effet est surtout sensible lorsqu'on fait tourner les volants à force de bras : au début de l'expérience cela va tout seul, mais dès que l'on voit venir les étincelles une résistance invisible pèse sur la roue et l'on sent qu'on dépense sa force en feu et en bruit au bout des conducteurs entre lesquels jaillit l'électricité.

Ne dirait-on pas que l'attraction qui se manifeste entre les fluides contraires du disque tournant et du plateau fixe produit ici des effets analogues à ceux de la cohésion? Lorsqu'on fait une tentative pour écarter les molécules d'un corps élastique, elles entrent en vibration ; c'est ainsi que, peut-être, l'attraction électrique, à chaque instant détruite, détermine des vibrations d'une nature particulière dans le fluide éthéré. Mais tout cela ne sont encore que des analogies bien vagues.

MACHINES MAGNÉTO-ÉLECTRIQUES.

La découverte de l'induction a permis de créer toute une classe d'électro-moteurs nouveaux, que l'on désigne sous le nom général de *machines magnéto-électriques*. On sait que toutes les fois qu'on produit un déplacement relatif entre un courant électrique ou un aimant, d'une part, et un circuit fermé naturel de l'autre, ce dernier est traversé instantanément par un courant induit. Il s'exerce en même temps entre le courant induit et le courant inducteur une action mécanique qui tend à produire un déplacement opposé à celui qui l'a fait naître : c'est comme si l'équilibre des polarités, troublé par le rapprochement ou l'éloignement du corps inducteur tendait à se rétablir par une sorte de réaction élastique. Le courant induit est en quelque sorte une résistance détruite. Ainsi, lorsqu'on rapproche brusquement d'un barreau aimanté ou d'un courant fixe une bobine de fil de cuivre, il s'engendre dans cette bobine un courant induit qui tend à l'éloigner de l'aimant ou du courant fixe ; si, au contraire, on éloigne la bobine de l'aimant, le courant qui la traverse momentanément tend à la ramener en arrière.

Un mouvement de va-et-vient ou de rotation, par lequel une bobine s'éloigne et se rapproche tour à tour d'un aimant, produira nécessairement une succession rapide de courants de sens alternativement opposés, dont les effets s'ajoutent néamoins si on les ramène à la même direction par le moyen d'un commutateur. Comme d'ailleurs la force électro-motrice de l'induction est proportionnelle au carré de la résistance de la bobine, il est facile d'obtenir des courants induits de tension très-grande qui produisent tous les effets des machines électriques ordinaires. C'est l'idée qui a été réalisée par les machines de Pixii, Jaxton, Clarke, Page, Nollet, Wilde, etc. Les effets de l'appareil d'induction de Masson et Bréguet, perfectionné par M. Ruhmkorff, reposent sur un principe un peu différent : là, des courants induits sont engendrés par un courant inducteur périodique ; car un courant qui s'établit agit comme un courant qui se rapproche, et un courant qui s'éteint comme un courant qui s'éloigne.

Dans les anciennes machines magnéto-électriques, la bobine est enroulée autour d'un noyau de fer doux recourbé en U, et que l'on oppose à un aimant permanent également recourbé. Le noyau de fer doux s'aimante lui-même par l'effet des courants qui circulent dans la bobine quand ses deux pôles tournent vis-à-vis des pôles de l'aimant permanent, et cette aimantation passagère du noyau ajoute son effet à celui de l'aimant fixe. Le premier électro-moteur de ce genre a été construit par Pixii en 1832. Dans cette machine, l'aimant permanent tournait autour d'un axe vertical, au-dessous de la bobine, par l'action d'une manivelle et de deux roues d'angle.

La machine de Pixii, lourde et peu commode, a été remplacée avec avantage par celle de Jaxton, où l'aimant est immobile, tandis que la bobine est mise en rotation par un volant à manivelle. Cet appareil a été ensuite perfectionné par Clarke, et il forme le point de départ de la machine de Nollet, exploitée par la Compagnie l'*Alliance* et adoptée pour l'éclairage de nos phares. Dans la machine de Nollet, à laquelle M. van Malderen a donné sa forme actuelle, quatre anneaux de bronze, armés chacun de seize bobines, sont fixés sur un même arbre horizontal, dont la rotation est produite par une petite machine à vapeur. Ces quatre couronnes de bobines tournent entre cinq rangées de huit faisceaux aimantés qui sont disposés en rayons autour de l'arbre horizontal, de sorte que, de chaque côté d'un anneau se trouve une série d'aimants qui lui présentent leurs seize pôles. A chaque rotation, les noyaux des bobines s'aimantent et se désaimantent huit fois, et l'on obtient ainsi seize courants (huit directs, huit inverses) par révolution; avec une vitesse de 235 tours par minute, cela donne 3,760 changements par minute, ou 63 par seconde. Les bobines communiquent entre elles de manière que leurs actions s'ajoutent.

Quand la machine sert à l'éclairage électrique, on se dispense de redresser les courants, c'est-à-dire de les ramener par un commutateur à la même direction ; mais cela devient indispensable lorsqu'il s'agit de produire des actions chimiques.

L'appareil de Page est d'un système différent. Il se compose d'un aimant horizontal enveloppé d'une bobine, devant les pôles duquel tourne un morceau de fer doux ; le fer l'aimante dans des sens aternativement contraires, et fait naître dans la bobine des courants induits que l'on recueille par un commutateur fixé sur l'axe de rotation.

En 1857, M. Werner Siemens a imaginé une armature très-avantageuse pour ces machines : c'est un cylindre creusé par deux rainures longitudinales qui reçoivent le fil de la bobine, enroulé en rectangle et protégé par deux lames de cuivre (1). Ce cylindre tourne autour de son axe entre les pôles d'une série de faisceaux aimantés juxtaposés que l'on peut aussi remplacer par un seul aimant formé de deux plaques parallèles qui embrassent l'armature cylindrique ; les pôles des faisceaux ou des plaques forment deux lignes polaires parallèles à l'axe de l'armature. Quand les deux arêtes de cylindre qui portent le circuit passent en regard des lignes polaires, le courant qui traverse le fil change de signe, mais il est redressé par un commutateur fixé sur l'axe de l'armature.

L'année dernière, un physicien anglais, M. Wilde, a fait un pas de plus (2). Il s'est dit que les courants obtenus par la rotation de la machine pouvaient être employés à produire un électro-aimant si on les lançait dans un bobine enroulée autour d'un morceau de fer doux. On sait, en effet, qu'un courant qui circule en hélice autour d'une tige de fer la magnétise, en fait un aimant temporaire qu'on appelle *électro-aimant.*

M. Wilde comprit qu'avec les courants dont il disposait, il pouvait créer un électro-aimant beaucoup plus fort que l'aimant permanent qui donnait naissance à ces courants. L'expérience confirma cette prévision. Avec quatre petits aimants pesant chacun 1 livre et pouvant porter ensemble un poids de 20 kilos, l'habile expérimentateur anglais obtint un électro-aimant qui portait 500 kilogrammes. Cette augmentation du pouvoir attractif peut être poussée beaucoup plus loin par un choix convenable des dimensions relatives de toutes les parties de la machine. Comment l'expliquer? La réponse est toute trouvée : c'est le travail mécanique employé à faire tourner la machine qui se convertit en magnétisme. La faible quantité de fluide qui existe déjà dans l'aimant permanent agit ici comme une sorte de ferment : elle amorce le jeu des transformations.

M. Wilde est arrivé à ces résultats par de longues recherches sur l'électricité d'induction. Il se sert d'une armature spéciale qu'il appelle *aimant-cylindre ;* c'est l'armature de Siemens tournant dans l'intérieur d'un cylindre creux sur lequel on pose à cheval un ou plusieurs ai-

---

(1) Du Moncel, *Exposé des applications de l'électricité.* Paris, 1862, t. V, p. 249.
(2) *Proceedings of the Royal Society.*

mants. Le cylindre creux se compose de deux segments longitudinaux en fer forgé qui touchent les pôles des aimants et qui sont séparés par deux lames de bronze ; ces quatre pièces sont assemblées par des écrous. Dans l'âme du cylindre tourne, sans le toucher, un autre cylindre à deux rainures longitudinales dans lesquelles s'enroule un fil de cuivre isolé d'assez fort diamètre. En donnant à cette armature un mouvement de rotation rapide, on obtient dans le circuit fermé qui en émane un courant d'induction d'une intensité très-grande qui peut être employé à produire un électro-aimant. M. Wilde a trouvé que le pouvoir portant de cet électro-aimant dépend des dimensions relatives des différentes pièces de la machine.

Il a constaté ensuite que lorsqu'on interrompt la communication de l'électro aimant avec le générateur, il ne perd pas sa force tout de suite ; vingt-cinq secondes après la rupture du courant, on peut encore tirer de brillantes étincelles de l'électro-hélice. M. Wilde en a conclu que l'électro-aimant accumulait, condensait une charge électrique, ainsi que cela s'observe dans les câbles sous-marins isolés et dans les appareils condensateurs de l'électricité statique. Enfin, il a été constaté que les électro-hélices opposent une résistance temporaire au passage du courant de la machine, car lorsqu'on plaçait quatre aimants sur le cylindre, le courant n'atteignait son intensité maximum qu'après quinze secondes, et il l'atteignait au bout de quatre secondes avec un générateur plus puissant.

Après avoir établi la possibilité d'obtenir un électro-aimant très-énergique avec des aimants permanents relativement faibles, par l'intermédiaire d'une machine rotative, M. Wilde s'est demandé si cet électro-aimant n'engendrerait pas à son tour, avec l'aide d'une seconde machine rotative, des courants d'une grande intensité et un nouvel électro-aimant encore bien plus énergique que le premier.

Il fit construire deux aimants-cylindres de 30 centimètres de longueur et de 65 millimètres de calibre intérieur ; sur les armatures étaient enroulés 20 mètres de fil de cuivre isolé de $^3/_4$ de millmètre d'épaisseur. Une machine à vapeur imprimait à ces deux armatures une rotation de 2,500 tours par minute. Sur l'un des cylindres, M. Wilde fixa seize aimants permanents, sur l'autre un électro-aimant formé de deux plaques rectangulaires parallèles. Il constata alors que le courant primaire faisait rougir un fil de fer de 1 millimètre d'épaisseur sur une longueur de 7 centimètres et demi ; mais que le courant secondaire (celui de la seconde machine) le faisait rougir sur une longueur de 60 centimètres et fondre sur une longueur de 20 centimètres. Quand on prenait pour la seconde machine une armature d'un calibre double, le courant faisait fondre 38 centimètres d'un fil de fer de $1^{mm}.8$ d'épaisseur.

M. Wilde se décida alors à construire une machine d'un calibre encore plus fort (25 centimètres ; c'est le calibre de l'aimant-cylindre). L'électro-aimant pesait 3 tonnes, le poids total de la machine atteignait 4 tonnes $^1/_2$. Elle était munie de deux armatures de rechange, une *armature d'intensité* sur laquelle on avait enroulé 114 mètres de fil isolé de $2^{mm}.8$ de diamètre pesant 100 kilogrammes, et une *armature de quantité*, avec 20 mètres d'une bande de cuivre isolée, pesant 160 kilogrammes. La vitesse de rotation était de 1,500 tours par minute. En combinant cette machine avec une autre de 12 centimètres $^1/_2$, puis celle-ci avec une troisième de 4 centimètres seulement, garnie de six aimants permanents, pesant chacun 1 livre, M. Wilde obtenait une machine à triple effet, dont l'électricité élevée à la troisième puissance faisait fondre sur une longueur de 37 centimètres une baguette de fer de 6 millimètres pleins de diamètre, ou bien un fil de cuivre de 3 millimètres. Ces effets s'obtenaient avec l'armature de quantité. Avec l'armature d'intensité on pouvait faire fondre un fil de fer de $1^{mm}.3$ sur une longueur de 2 centimètres, ou le faire rougir sur une longueur de plus de 6 mètres. Dans ce formidable torrent de chaleur, les métaux les plus réfractaires se liquéfient en un clin d'œil.

Le pouvoir éclairant de la machine Wilde n'est pas moins extraordinaire. Dans une expérience, on plaça sur un toit élevé une lampe électrique garnie de deux crayons de charbon de 12 millimètres de côté, et on la mit en rapport avec la machine à triple effet. Aussitôt on en vit jaillir une lumière qui projetait sur les murs les ombres des becs de gaz dans un rayon de six à sept cents pas. Jamais lumière artificielle n'avait eu cet éclat. Une feuille de papier photographique, exposée à ces puissants rayons, fut noircie en si peu de temps que, d'après un calcul fort simple, cette lumière doit produire, à 1 mètre de distance, tout autant d'effet que le soleil de midi au mois de mars.

La commission des phares de l'Ecosse a adopté pour les essais d'éclairage une machine Wilde, à double effet, du modèle suivant. Le générateur est formé d'un cylindre-aimant de 6 centimètres de calibre, et de seize aimants permanents pesant chacun 1 kilogr. 1/2, et portant ensemble 160 kilogr. Ce générateur est posé sur la seconde machine, de dimensions plus considérables ; c'est comme un édifice à deux étages. La seconde machine a une armature du calibre de 18 centimètres, l'électro-aimant est formé de deux plaques de fer sur lesquelles s'enroulent 1,000 mètres d'un câble formé de sept fils de cuivre n° 10. La première armature a 15 mètres de fil de 3 millimètres, le seconde 30 mètres de fil de 6 millimètres ; une machine à vapeur de 3 chevaux fait tourner la première avec une vitesse de 2,500 tours, la seconde avec une vitesse de 1,700 tours par minute. Le régulateur peut alors brûler des charbons de 20 millimètres de côté.

Cette machine, d'une puissance si extraordinaire, est néanmoins portative et peu encombrante ; elle n'a qu'un défaut : la vitesse de rotation énorme des armatures, qui entraîne de graves inconvénients. On pourrait considérer la machine Wilde comme le *nec plus ultra* des machines magnéto-électriques, si on n'était parvenu, depuis l'apparition de cette nouveauté, qui n'en est plus une, à créer de l'électricité dynamique avec du fer doux et des fils de cuivre isolés, et à faire des machines électro-magnétiques *sans aimant ni pile*.

Dans la machine Wilde, la source première de tous les phénomènes est encore le magnétisme d'un aimant permanent. M. Wheatstone (1) et M. Werner Siemens (2) ont eu simultanément l'idée lumineuse de supprimer l'aimant et de le remplacer par un simple morceau de fer doux, qui devient électro-aimant par la vertu des courants qu'il engendre lui-même dans son armature lorsqu'elle est mise en rotation. Cela semble paradoxal, mais l'expérience n'en a pas moins réussi : il est vrai qu'il faut encore *amorcer* la machine. On prend donc un noyau de fer doux entouré d'un fil en hélice et qui simule un électro-aimant. Entre ses deux pôles, on fait tourner une armature semblable à celle de la machine de Wilde. c'est-à-dire un aimant-cylindre.

Pour le moment, aucun effet ne se produit encore ; mais qu'on mette l'hélice en rapport avec une petite pile, aussitôt le noyau s'aimante et l'armature devient le siége de courants d'induction. Alors on supprime la pile ; on constate qu'il y a encore dans le fer doux un petit reste de magnétisme qui suffit à entretenir pendant quelques instants les courants induits ; on en profite pour lancer ces derniers dans le fil qui entoure le fer doux. Aussitôt ce dernier reprend ses forces, il donne naissance à de nouveaux courants qui reviennent toujours alimenter l'électro-aimant qui les produit, et ce jeu se continue aussi longtemps que l'on fait tourner l'armature. En même temps la force nécessaire pour maintenir la machine en mouvement devient plus grande, ce qui montre que le travail est converti en magnétisme et en électricité. On constate aussi que l'effet ne se produit que si le courant de l'armature est transmis à l'hélice de l'électro-aimant dans le sens qui détermine une polarité semblable à celle qu'il avait primitivement ; dans le cas contraire, l'effet serait nécessairement annulé, et la même chose arrive si on néglige de redresser les courants alternatifs de l'armature avant de les lancer dans l'hélice de l'électro-aimant.

Un phénomène qui frappe au premier abord, c'est que l'effet le plus grand se produit au moment de la réunion des circuits ; il prend ensuite une intensité constante, mais moindre. Ainsi la machine de M. Wheatstone faisait rougir un fil de platine sur 10 centimètres au moment de la fermeture, tandis qu'ensuite on ne pouvait le maintenir rouge que sur 2 centimètres 1/2 ; cette diminution d'effet était accompagnée d'un accroissement de résistance de la roue. La cause de ce phénomène est évidemment que la machine fait volant et qu'elle continue à se mouvoir avec sa force acquise encore quelques minutes après la fermeture du circuit, quoiqu'en réalité elle exige déjà pour rester en mouvement un plus grand travail que celui qui est consommé.

---

(1) *Proceedings of the Royal Society*, XV, n° 90. Communiqué le 14 février 1867.
(2) *Ibid.* Communiqué par M. C.-W. Siemens, le 4 février 1867.

On observe un accroissement notable de tous les effets électriques si l'on détourne de l'électro-aimant une partie du courant par un pont transversal. On peut alors maintenir incandescents 10 centimètres du fil de platine et tirer des étincelles très-fortes d'une bobine d'induction qui, sans cela, n'en donnerait pas.

Cela se conçoit aisément : le pont diminue beaucoup plus la résistance que la force électro-motrice, et quoique le magnétisme s'accumule alors un peu plus lentement dans le noyau de fer doux, l'effet total est néanmoins une grande augmentation d'intensité. Quand les effets sont produits dans le pont même, ils sont encore plus sensibles ; on peut alors faire rougir 18 centimètres de fil de platine et obtenir des étincelles de 6 centimètres avec la bobine d'induction. Pour faire tourner la machine, M. Wheatstone avait recours à la force de deux hommes.

M. Siemens fait remarquer que, pour amorcer la machine, il suffit de toucher le noyau de fer doux avec un aimant permanent, ou de le placer seulement dans le méridien magnétique, afin de déterminer un commencement d'aimantation. Quand la machine a fonctionné une fois, le magnétisme rémanent suffit pour l'amorcer dans la suite. Les *machines dynamo-électriques* de M. Siemens, construites par Siemens et Halske, à Berlin, sont exposées dans la section prussienne.

M. Ladd, constructeur d'instruments de physique à Londres, a appliqué les découvertes de MM. Wheatstone et Siemens de la manière qui suit. Au lieu d'un électro-aimant à deux pôles, il en emploie un à quatre pôles, formé de deux lames parallèles et horizontales. Entre les pôles antérieurs tourne une armature qui alimente les électro-aimants ; entre les pôles opposés, une autre armature indépendante dont le courant est utilisé pour produire des effets quelconques. Cette machine est exposée sous le nom barbare de *dynamo-magneto-machine* dans la section anglaise des machines, près de la pyramide dorée de l'Australie. Elle donne avec la force de 1 cheval, un éclairage électrique équivalent à celui qui s'obtient par 40 éléments de Grove ou de Bunsen ; elle tient dans un espace de 60 centimètres sur 30 et 18.

Je crois qu'il serait facile d'appliquer le principe de MM. Siemens et Wheatstone à la construction d'un appareil de cours. On ferait tourner un circuit rectangulaire dans l'intérieur d'un autre circuit de même forme, placé perpendiculairement au méridien magnétique. Les courants d'induction que la rotation ferait naître dans le circuit mobile seraient lancés dans le circuit fixe, et l'on obtiendrait probablement un effet appréciable au galvanomètre.

Dans les machines de MM Siemens et Ladd on voit un simple mouvement de rotation engendrer indéfiniment la force électrique, une fois que l'équilibre des polarités a été détruit par une impulsion extérieure, ou que le jeu des transformations a été commencé. Sous ce rapport, les nouvelles machines magnéto-électriques ont la plus grande ressemblance avec les machines électriques de Holtz et de Tœpler. Dans les unes et dans les autres, il se développe une très-grande résistance au mouvement quand l'effet atteint son maximum. Ainsi, dans la machine de Wilde, la courroie de transmission qui fait tourner l'armature du grand électro-aimant commence à glisser dans la gorge de la poulie quand les courants atteignent l'intensité maximum ; en même temps, les fils des bobines s'échauffent quelquefois au point de faire prendre feu à l'enveloppe isolante de soie qui les entoure. La résistance qui se manifeste ici vient de la réaction des courants sur les électro-aimants, ainsi que nous l'avons déjà expliqué plus haut. Cette réaction établit une grande analogie entre les phénomènes de la cohésion et ceux du magnétisme. En essayant de vaincre la cohésion, nous déterminons des vibrations élastiques ; en détruisant la réaction de la polarité magnétique, nous provoquons peut-être les vibrations qui constituent l'électricité. En faisant abstraction de ces rapprochements plus ou moins vagues, on ne peut s'empêcher de reconnaître que les nouvelles machines réalisent un très-grand progrès au point de vue de la pratique. Une simple disposition de quelques fils et de quelques morceaux de fer permet d'accroître dans une progression étonnante la plus faible trace de magnétisme. On fait tourner une roue, la force d'abord imperceptible s'accroît, s'enfle et déborde bientôt en courants d'induction d'une puissance qui semble n'avoir pas de limites. Qui sait quelles découvertes nous réserve encore le lendemain ?

Les appareils météorographiques.

L'idée de faire enregistrer les phénomènes météorologiques par des machines ne date pas d'hier. Pour la réaliser, on a déjà essayé beaucoup de systèmes, mais nous sommes toujours dans la période des tâtonnements, et l'expérience n'a pas encore prononcé d'une manière décisive en faveur de tel ou tel autre moyen parmi ceux qui ont été proposés et qui sont en usage dans différents observatoires.

La photographie et l'électricité ont multiplié les ressources des sciences d'observation à tel point que chaque jour on voit se produire quelque nouvelle combinaison d'instruments enregistreurs ; mais la condition que l'on oublie le plus souvent, c'est qu'il ne s'agit pas de compliquer, mais de simplifier. Si l'on pouvait arriver à créer pour tous les phénomènes de l'atmosphère des appareils enregistreurs qui permissent d'éviter les manipulations photographiques et l'emploi des piles, on aurait quelque chance de les voir se généraliser, et c'est là, selon nous, qu'il faut chercher l'avenir de la météorologie.

La photographie est employée principalement pour enregistrer l'état du baromètre et du thermomètre ordinaires. Sur une bande de papier sensible qui est entraînée par un mouvement d'horlogerie, un faisceau de lumière constant produit une épreuve négative de la colonne de mercure, dont la hauteur variable se trouve figurée par le contour de la partie blanche du dessin continu que l'on obtient de cette manière. Ce système est en usage à Greenwich, à Oxford, à Lisbonne et dans d'autres observatoires (1). On pourrait évidemment enregistrer de la même façon la plupart des phénomènes qui donnent lieu à des mouvements de translation ou de rotation, ou bien à des changements de niveau : le vent, la pluie, l'évaporation, le magnétisme terrestre, etc. A l'Observatoire central de Kew et dans d'autres grands établissements, on a installé, en effet, des magnétomètres photographiques qui reproduisent fidèlement toutes les variations locales des éléments magnétiques du globe. Mais la nécessité d'un éclairage continu, la préparation et la fixation des épreuves, l'installation des appareils optiques, etc., sont des inconvénients qui empêcheront peut-être la photographie de s'introduire dans la pratique habituelle des observatoires.

Les enregistreurs électro-magnétiques nécessitent l'entretien d'une pile, mais ils permettent de réaliser les mouvements les plus variés, et se plient merveilleusement à toutes les exigences d'une combinaison mécanique donnée. Le jeu de ces appareils se réduit à rapprocher d'une surface mobile un *traceur* quelconque toutes les fois que les rotations ou les mouvements de translation auxquels donne lieu un phénomène continu, établissent ou rompent un contact. C'est la télégraphie appliquée aux observations, avec cette différence qu'ici ce sont les forces naturelles qui font jouer le manipulateur et qui, pour ainsi dire, s'observent et se surveillent elles-mêmes. Dans beaucoup de cas, ces appareils peuvent être remplacés par une combinaison de rouages et de leviers ; mais ils sont d'une très-grande utilité lorsqu'il s'agit de transmettre un mouvement à une distance un peu considérable.

M. Wheatstone a le premier appliqué l'électricité à l'enregistrement des données météorologiques. Il mesure le niveau variable du mercure dans un thermomètre ou dans un baromètre, au moyen d'un fil de sonde qui descend dans le tube et qui ferme un circuit électrique, lorsqu'il est en contact avec le liquide. Si la pointe du fil monte et descend d'une

---

(1) Le météorographe de Lisbonne, construit par M. Salleron en 1853, est disposé de telle sorte que les indications des différents instruments s'obtiennent parallèlement sur une même feuille. Au baromètre se trouve adjoint un thermomètre dont l'état représente exactement la dilatation du baromètre. En prenant la différence des courbes des deux instruments, on a l'état du baromètre réduit à zéro.

Le météorographe électrique que M. Salleron a construit en 1860 pour le dépôt de la marine, à Paris, inscrit sur le même tableau la direction et la vitesse des vents, la quantité de pluie tombée, l'état du baromètre et la température. Il fonctionne régulièrement depuis le mois d'août de la même année, c'est-à-dire depuis sept ans, et n'a coûté que 1,500 francs. Les courbes sont tracées par des pointes métalliques sur de grandes feuilles de papier recouvertes de blanc de zinc, sur lesquelles ont été imprimées des échelles convenables.

manière périodique entre deux niveaux fixes, on peut obtenir la position du niveau variable par l'ordonnée d'une courbe que l'autre extrémité du fil marque sur une feuille de papier qui se meut horizontalement. Un électro-aimant intercalé dans le circuit mettra, par exemple, un crayon en contact avec le papier, pendant que la sonde plongera dans le mercure, et l'écartera du papier pendant que la sonde sera à l'air; ou bien on fera usage du papier électro-chimique de M. Bain, sur lequel une pointe métallique laissera une trace bleue tant qu'elle sera traversée par le courant. La longueur du tracé vertical obtenu pendant la fermeture du courant représentera la hauteur du mercure au-dessus du niveau inférieur que la sonde atteint lorsqu'elle descend. C'est sous cette forme que la méthode de M. Wheatstone devient un procédé graphique; mais M. Wheatstone lui-même s'y prend autrement.

Il mesure la course de la sonde par le nombre des tours d'une roue d'horloge qui remonte le fil et le laisse ensuite brusquement retomber. A cet effet, la même horloge fait tourner devant l'arête d'un cylindre deux étoiles flexibles, appelées *roues des types*, qui sont garnies de chiffres en relief, et dont la rotation est proportionnelle au chemin parcouru par la sonde. Au moment où celle-ci émerge du mercure, le courant est interrompu, et un marteau frappe sur les deux étoiles, qui impriment aussitôt sur le cylindre deux chiffres indiquant la hauteur du mercure. La première étoile fait, par exemple, un tour, et la seconde avance d'un rayon pendant que la pointe monte de 1 millimètre; il s'ensuit que les chiffres imprimés par la seconde étoile signifient des millimètres, et ceux de la première, que nous supposerons à dix rayons, des dixièmes de millimètre. Après chaque impression, le cylindre tourne d'un cran, afin de présenter une nouvelle arête aux caractères qui vont arriver au contact du papier. On peut évidemment imprimer de cette manière les lectures mécaniques de plusieurs instruments sur le même cylindre. Ce système, qui fut pendant quelque temps employé à l'Observatoire de Kew pour le baromètre, le thermomètre et le psychromètre, a l'inconvénient de ne donner que des lectures isolées, exprimées en chiffres; il est certainement préférable d'avoir un tracé continu qui parle aux yeux.

Le P. Secchi a modifié le système de M. Wheatstone en remplaçant les tourniquets par un crayon auquel une horloge imprime un mouvement de va-et-vient horizontal en même temps qu'elle fait monter et descendre la pointe de platine. Au moment où la pointe touche le mercure, le courant se ferme, et un électro-aimant fixé sur le chariot qui porte le crayon pousse celui-ci contre le papier; la longueur du tracé qu'il fournit depuis ce moment jusqu'à la fin de sa course indique la hauteur de la colonne liquide au-dessus d'un niveau fixe. Quand la pointe remonte, le crayon revient en arrière et trace une nouvelle ligne, en sens inverse, qui est interrompue au moment où la pointe sort du mercure. Le papier se déplace dans le sens perpendiculaire à la marche du crayon, et les points de départ et de retour de celui-ci représentent, par une courbe *discontinue*, les variations de niveau du mercure. On voit que les indications de cet appareil sont encore intermittentes. Pour enregistrer de cette manière l'état des deux thermomètres accouplés du psychromètre, le P. Secchi s'arrange de façon que, pendant la descente simultanée des deux pointes dans les deux tubes, le crayon commence son tracé au moment où la première pointe touche le mercure du thermomètre sec, et qu'il quitte le papier au moment où la seconde pointe touche le mercure du thermomètre mouillé (qui est toujours plus bas). Pendant l'ascension, le tracé recommence en sens inverse quand la seconde pointe sort du mercure, et finit quand la première émerge aussi. Les terminaisons des traits successifs figurent alors, par des points marqués de quart d'heure en quart d'heure, les courbes des deux thermomètres, et la longueur de ces traits représente leur différence de niveau.

Voici de quelle manière se réalise cette combinaison. Quand la première pointe plonge seule, elle ferme le courant de la pile, qui entre dans le mercure par cette pointe et sort par un fil soudé au bas du thermomètre sec; le même courant circule alors dans les spires de l'électro-aimant qui commande le crayon, et le crayon est pressé contre le papier. Mais au moment où la seconde pointe plonge aussi, elle ferme un embranchement du circuit, et le courant se trouve bifurqué. L'embranchement du thermomètre mouillé comprend un relais translateur, c'est-à-dire un électro-aimant qui agit sur un levier de manière à rompre le circuit du thermomètre sec et du crayon; dès lors le crayon se dégage et ne recommence

son tracé que lorsque la seconde pointe est remontée au niveau du mercure dans le thermomètre mouillé. A ce moment, le circuit de la branche secondaire se rompt, le relais cesse
d'agir, le circuit principal se ferme de nouveau, et le crayon appuie encore sur le papier
jusqu'au moment où la première pointe, en quittant le mercure du thermomètre sec, interrompt à son tour le circuit principal.

Tel est le mécanisme employé par le P. Secchi dans le *météorographe* du Collége des Jésuites à Rome, et dans celui qui se voit à l'Exposition, pour enregistrer les indications du
psychromètre. Le crayon et son chariot vont et viennent devant un cadre rectangulaire
qu'une horloge fait descendre verticalement pendant deux jours. Les extrémités des traits
parallèles que l'on obtient de cette manière indiquent les niveaux des thermomètres sec et
mouillé, d'où l'on peut déduire *par le calcul* l'humidité relative de l'air (1).

Sur le même cadre, l'heure de la pluie est indiquée par un deuxième crayon horizontal,
auquel un mouvement vibratoire est communiqué par un fil attaché à une petite roue hy-
draulique à augets ; cette roue est sous une gouttière, et quand il pleut, elle tourne et fait
osciller le crayon. Enfin, sur le même cadre s'inscrivent d'elles-mêmes les variations du baromètre à l'échelle de 2 millimètres par millimètre de pression. Nous expliquerons plus loin
le mécanisme employé à cet effet.

Sur la face opposée du météorographe se meut un cadre ou châssis de même grandeur
que le premier, mais qui met dix jours à descendre. Sur l'un et sur l'autre on tend des
feuilles de papier quadrillé qui ont environ 47 centimètres de large sur 40 de haut. Le
cadre antérieur descend de 36 millimètres par jour, ou de 1 millimètre ½ par heure ; le
cadre postérieur fait 12 centimètres par jour, ou 5 millimètres par heure ; c'est l'échelle du
temps pour chacun des deux tableaux : elle est très suffisante pour l'usage de la météorologie pratique.

Les indications du baromètre et celles de l'heure de la pluie sont répétées sur le tableau
antérieur du météorographe de Rome, afin d'obtenir des courbes plus resserrées, qui font
mieux voir les grandes oscillations de la pression atmosphérique. A côté de ces données
sont enregistrées la force et la direction du vent, ainsi que la température de l'air, donnée
par un thermomètre métallique, à l'échelle de 4 millimètres ⅓ par degré centigrade. La
vitesse du vent est figurée par des traits parallèles qui signifient le chemin que le courant
d'air a fait d'heure en heure ; 5 millimètres représentent un mille marin, ce qui donne
1 millimètre pour 370 mètres. Un vent *frais* fait 10 mètres par seconde ou 36 kilomètres par
heure, qui sont figurés sur le papier par une ligne d'environ 1 décimètre.

Le météorographe exposé à Paris est encore pourvu d'un *ombromètre* enregistreur, qui
manque dans l'appareil du Collége romain. Voici comment cet instrument fait connaître la
quantité de pluie tombée. L'eau recueillie par un entonnoir placé sur les combles arrive
dans un réservoir plus étroit, placé dans le soubassement de l'appareil, et soulève un flotteur. Ce flotteur est suspendu par une tige verticale à une chaîne qui s'enroule sur une
poulie et fait tourner un disque recouvert de papier ; la rotation est proportionnelle à la
pluie. Un crayon qui marche de la circonférence au centre et qui parcourt 5 millimètres
par jour, marque par sa déviation angulaire la quantité d'eau tombée. Les tracés de cet
ombromètre ne sont pas comparables avec ceux des autres instruments. Il eût été facile
d'en subordonner la construction à l'idée dominante qui a guidé le P. Secchi, et qui était
de faire marcher de front, sur les deux tableaux, les crayons de tous les enregistreurs ; on
n'aurait eu qu'à mettre la chaîne du flotteur en rapport avec l'un des deux crayons qui
marquent l'heure de la pluie sur les deux faces du météorographe, en se contentant d'enregistrer cette donnée une seule fois. Il faut croire que l'ombromètre est un appendice
ajouté à la dernière heure.

Comme le psychromètre se compose de deux thermomètres, il fournit déjà implicitement
la température de l'air. Toutefois, ainsi que je l'ai déjà dit, le P. Secchi a jugé utile de faire
enregistrer cette donnée à part. Il a adopté dans ce but le thermographe de Kreil, qui était
autrefois en usage à Vienne et à Kremsmunster, mais qui a été abandonné depuis. C'est un

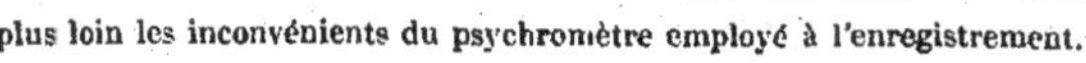

(1) Nous expliquerons plus loin les inconvénients du psychromètre employé à l'enregistrement.

long fil de cuivre tendu dans l'air libre et qui transmet sa dilatation ou sa contraction par un système de leviers à l'un des crayons traceurs. A Rome, le fil de cuivre a une longueur de 17 mètres et une épaisseur de 5 millimètres $^1/_2$; il est tendu à l'ombre, derrière l'église de Saint-Ignace, le long d'un mur, dont il est éloigné d'un demi-mètre; le poids qui le tend est de 8 kilogrammes, suspendus à un bras de levier de $0^m.50$. Il nous semble que dans ces circonstances l'élasticité du fil doit subir de grandes variations. Il vaudrait peut être la peine d'essayer d'autres systèmes de thermographes, tels que celui de Morstadt ou celui de M. Marey.

Morstadt employait tout simplement un thermomètre ouvert à flotteur, qui faisait monter et descendre un crayon; le thermographe de Klingert repose sur le même principe. On a fait contre ce système une objection assez fondée : il faut, pour faire mouvoir le flotteur, une grande quantité de mercure, et il est à craindre qu'elle ne prenne pas assez vite la température variable de l'air ambiant. Mais rien n'empêcherait de distribuer le mercure dans un tube en spirale, qui offrirait une surface suffisante à l'action de l'air.

Le thermographe de M. Marey est un thermomètre à air et à index de mercure, ouvert et enroulé autour d'une roue très-mobile. L'index est en bas, la boule en haut; quand l'air se dilate à l'intérieur, il repousse la boule; l'index reste toujours au plus bas point du tube circulaire, c'est donc le tube qui glisse sur l'index, en faisant basculer la roue. Malheureusement, il faut ici tenir compte de l'inégalité des pressions à l'intérieur et à l'extérieur de la boule : ce thermomètre est affecté d'une correction barométrique. Un thermomètre à mercure, de forme circulaire et mobile autour de son centre, donnerait peut-être une force motrice suffisante pour un thermographe : elle résulterait du déplacement que le centre de gravité éprouverait par suite de la dilatation du mercure. La boule pourrait être formée par un long cylindre horizontal, qui servirait d'axe de rotation; le tube thermométrique serait circulaire et à grand rayon.

M. Wild emploie pour le météorographe de Berne un thermomètre métallique formé d'un ressort spiral en acier et laiton. M. Lamont, à l'Observatoire de Munich, fait usage d'un tube en zinc, de $2^m.5$ de longueur et de 13^{mm} de diamètre, qui agit sur des leviers comme le fil de cuivre du thermographe de Kreil. Nous verrons plus loin qu'il existe encore une foule de thermographes électriques basés sur d'autres principes que celui de M. Wheatstone, mais ils sont tous d'une construction assez compliquée.

J'arrive au barographe du P. Secchi. Ici je suis obligé de remonter un peu loin pour faire l'histoire exacte d'un instrument qui me paraît appelé à rendre de grands services, quand il aura été suffisamment étudié au point de vue de la théorie et de la pratique.

L'expérience sur laquelle il est fondé consiste à suspendre au fléau d'une balance un tube de baromètre, qui plonge librement dans un bain de mercure. La pression variable de l'atmosphère agit alors au sommet du tube mobile et le fait monter ou descendre en même temps qu'elle modifie la longueur de la colonne liquide à l'intérieur du tube. Cette expérience se trouve déjà décrite et expliquée dans l'ouvrage de Cotes : *Lectures on Hydrostatics* (publié par Smith en 1747), où elle est attribuée à Wallis; dans le *Cours de physique* de Desaguliers (traduit en français par le P. Pezenas, de la Compagnie de Jésus. Paris, 1751, t. II, lect. x, p. 280), et, si je ne me trompe, chez Muschenbroek. Desaguliers donne une figure qui représente un tube barométrique suspendu à l'un des plateaux d'une balance ordinaire, et il parle de mesurer le poids de l'atmosphère par une tare variable.

C'est sur ce principe que repose le baromètre que le célèbre Samuel Morland ou Moreland (l'inventeur du porte-voix) fit construire vers la fin du xviie siècle, et qui se trouve décrit sous le nom de *steelyard-barometer* (baromètre à peson) dans l'*Encyclopédie britannique*, dans l'*Encyclopédie* de Rees, dans le *Mathematical Dictionary* de Hutton (t. I, p. 207), dans le *Dictionnaire de physique* de Gehler (t. I, p. 774, de l'édition de 1825-1845), etc. Nous en reproduisons le dessin d'après Gehler, qui l'emprunte à Hutton. Muncke, l'auteur de l'article BAROMÈTRE dans le Dictionnaire de Gehler, recommande le baromètre de Morland comme étant très-sensible et facile à observer; il parle aussi des baromètres de Coxe et de Maguire, dont il va être question plus loin.

Dans le journal de l'abbé Rozier, intitulé : *Observations sur la physique* (livr. de mai 1782,

l. XIX), on trouve un très-long mémoire de Magellan, membre de la Société royale de Londres, sur les baromètres. Ce mémoire a paru la même année en allemand (*J.-G. von Magellan's Beschreibung*, etc., Leipzig, 1782); il paraît même qu'il en existe une édition plus ancienne, imprimée à Londres en 1779. L'auteur décrit entre autres le «baromètre statique», dont il attribue l'invention à sir Samuel Morland. Il dit que Morland présenta son baromètre au roi Charles II, ce qui ferait remonter l'origine de cette invention aux années 1670-1680. Magellan ajoute qu'il possède lui-même un instrument de cette forme, construit longtemps auparavant par Jonathan Sisson, et qu'il a perfectionné dans quelques détails ; il en donne le dessin que nous reproduisons ci-contre. Il dit qu'il a encore vu un autre appareil de ce

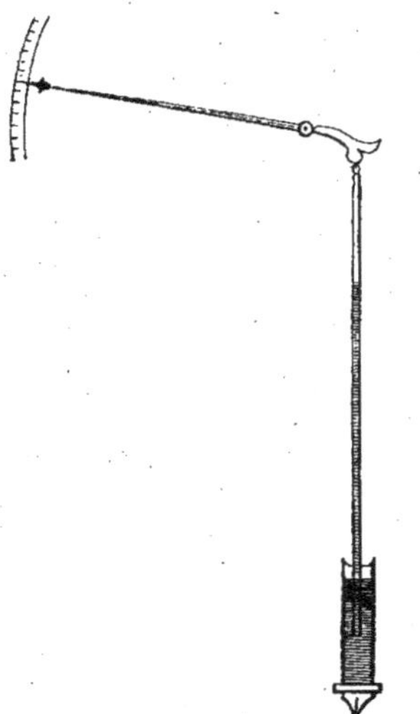

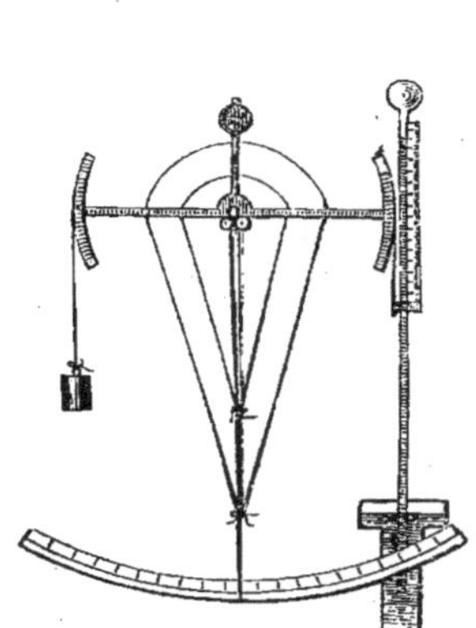

Fig. 1. — Baromètre de Morland, d'après Gehler (1670).   Fig. 2. — Baromètre statique de Magellan (1782).

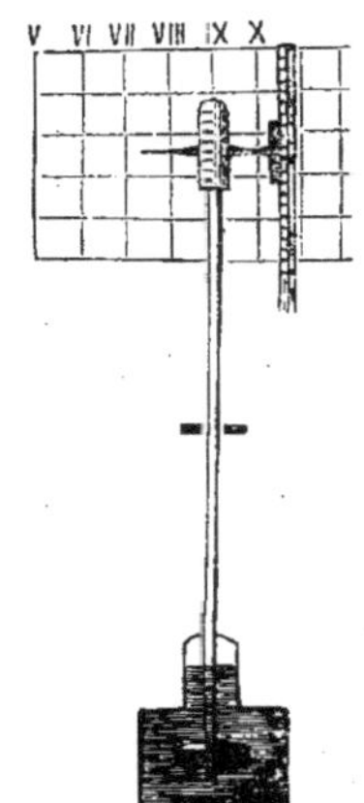

Fig. 3. — Barographe de Maguire (1791).   Fig. 4. — Baromètre de Bernoulli.

genre, construit par Adams, en 1760, et qui appartenait au roi Georges III (d'après M. Forbes, ce baromètre n'existe plus dans la collection de Kew). Le baromètre de Magellan est suspendu par un fil à un arc de cercle qui termine un levier horizontal, et équilibré par un contre-poids suspendu à l'arc de cercle opposé ; l'axe du levier repose sur deux couples de poulies destinées à diminuer les frottements. Une aiguille verticale indique la pression sur un cadran, lorsque le tube, qui plonge dans un bain de mercure, monte ou descend sous l'influence d'une variation du poids de l'atmosphère. Le sommet est terminé par une boule afin de neutraliser l'effet des bulles d'air qui s'introduisent dans le tube. L'aiguille verticale est contre-balancée par une boule de métal ; des fils de fer la maintiennent perpendiculaire au levier horizontal. Magellan dit (p. 347), qu'on peut obtenir, un effet plus grand en élargissant le haut du tube par une chambre renflée. Voici d'ailleurs ses propres expressions :

.... « Si l'on forme, dit Magellan, le tuyau comme celui de la Fig. IV, en sorte que les variations causées par la pression soient produites dans l'espace où se trouve le vase F G, on sera alors plus sûr de l'effet produit dans le fléau et, par conséquent, de l'indication de l'aiguille sur l'échelle.... » La Fig. IV, à laquelle il fait ici allusion, représente un baromètre à siphon, les lettres F G s'y trouvent employées pour désigner une chambre renflée, ou, suivant l'expression de Magellan, un «gros cylindre au bout supérieur du tube» (p. 344 du mémoire). Un autre détail digne d'être mentionné, c'est que dans le baromètre de Magellan les hauteurs du mercure étaient doubles de celles qui étaient indiquées par un baromètre ordinaire.

Le même auteur développe d'ailleurs le projet d'un « météorographe perpétuel, » dont il représente toutes les parties par des dessins. Il insiste sur l'utilité qu'il y aurait à obtenir des tracés continus de toutes les variations atmosphériques dans les différents lieux du globe. « Ce n'est pas assez, dit-il, de savoir si, par exemple, le baromètre ou le thermomètre étaient à une telle hauteur ou à un tel degré dans la 8e, la 9e ou la 12e heure du jour ; il faut aussi être instruit s'il y a eu quelque autre variation ou changement considérable dans l'intervalle qui s'est écoulé entre l'heure qu'on a marquée et celle du jour suivant, ou l'autre du jour qui l'a précédé ; et quel était le moment où chaque variation est arrivée.... L'instrument dont je vais donner l'idée, produit les effets dont je viens de parler, et c'est par cette considération que je l'appellerai *météorographe perpétuel*, parce qu'il donne constamment les observations météorologiques pour chaque heure du jour, et cela sans autre soin que celui de le remonter au bout de la semaine ou du mois, c'est-à dire en même temps qu'on remonte la pendule qui lui sert de régulateur. L'idée en est si simple et si aisée dans la pratique, qu'il n'y a pas de personne tant soit peu curieuse qui ne puisse le faire arranger sous ses yeux, et à peu de frais, par un artiste quelconque, même d'une capacité médiocre.... »

Magellan donne ensuite une description détaillée des divers instruments qui lui paraissent le mieux répondre à son but. « D'abord, dit-il, pour faire les expériences barométriques relatives à la météorologie, je crois que le baromètre statique est le plus avantageux. » Cependant un baromètre à siphon, muni d'un flotteur, peut servir au même objet. Comme thermographe, Magellan préfère le thermomètre métallique. Son anémographe se compose d'une girouette à chevilles de d'Ons-en-Bray pour la direction, et d'un anémomètre de pression pour la force du vent. Pour l'humidité, il choisit l'hygroscope de Whitehurst, qui se compose de deux lattes de bois, collées ensemble, et dont l'une est coupée de travers à son milieu. Un pluvioscope à flotteur et un « atmidomètre », formé d'un flotteur qui supporte un vase plein d'eau (le vase monte quand l'évaporation le rend plus léger), complètent le météorographe. Magellan dit qu'on pourrait y ajouter un «rhoiamètre», en supposant que la station fût voisine d'un port de mer ; on conduirait la mer dans sa cave, on poserait une bouée sur l'eau, et la tige de la bouée suivrait les fluctuations de l'ebbe et du jusant. Magellan veut d'ailleurs que les crayons de tous les instruments tracent des courbes parallèles sur une planche recouverte de papier et entraînée par une horloge ; il donne un dessin du tableau que formeraient ces tracés. Il ajoute (p. 351) que des leviers serviront à agrandir le mouvement des instruments dans le cas où il serait trop petit pour le tracé direct. Il discute aussi les avantages et les inconvénients du système d'enregistrement proposé par Changeux (1), lequel consiste à produire des courbes discontinues au moyen de ressorts terminés

------

(1) *Journal de physique, chimie et histoire naturelle*, XVI, 325.

par des pointes d'acier, que de petits marteaux, commandés par une horloge, enfoncent périodiquement dans le tableau mobile. Il ajoute que depuis quinze ans une pendule, faite par Cummings, enregistre, d'après ce système, l'état du baromètre au palais royal de Buckingham, à Londres.

L'expérience du baromètre statique peut encore se faire d'une autre manière. On peut la renverser : fixer le tube et suspendre la cuvette; c'est sous cette forme qu'elle fut exécutée par Coxe, qui fit voir pour de l'argent, à Londres, un énorme baromètre dont la cuvette, suspendue à une poulie, contenait 100 kilogrammes de mercure. Lorsqu'elle descendait, la cuvette remontait une horloge, c'est pourquoi l'inventeur appelait son instrument un *perpetuum mobile.* La même idée avait été déjà émise par Becher (*Lichtenberg, Gœtt. gel. Anz.*, 1775, p 97). Magellan parle aussi du baromètre de Coxe, mais il dit que le tube et la cuvette étaient mobiles à la fois.

Dans les *Transactions* de l'Académie de Dublin (mai 1791, t. IV, art. 8, p. 141), on trouve la description d'un baromètre enregistreur par le Rév. Arthur M'Gwire (ou Maguire), avec une figure que nous reproduisons. Le tube du baromètre est maintenu flottant dans la cuvette par un manchon de bois (*a circular piece of light wood*); il est maintenu droit par un anneau qu'il traverse (on en voit l'indication vers le milieu du tube) ; il porte un crayon et un vernier qui se meut en regard d'une échelle fixe.

Le crayon trace une courbe sur un tableau divisé en heures de gauche à droite et en pouces de bas en haut, la ligne moyenne correspondant à 29 pouces. Le Rév. Maguire dit que l'échelle représente les variations barométriques *amplifiées,* et qu'on peut les amplifier davantage en agrandissant la section du tube (*by increasing the diameter of the cylinder of the barometer*). Il donne une théorie de l'appareil qui est peu claire, et je doute que ce barographe ait jamais été exécuté, car il ne remplit pas les conditions nécessaires à la stabilité de l'équilibre.

Il résulte de ces citations qu'à la fin du siècle dernier on connaissait quatre formes du baromètre statique : le baromètre à peson de Morland, le baromètre suspendu à une balance ordinaire de Magellan, le baromètre flottant de Maguire et le baromètre à cuvette mobile de Coxe. Magellan et Maguire proposent des tubes à double section, c'est à-dire renflés vers le haut; mais il n'est pas probable qu'ils aient essayé cette forme, car ils se seraient immédiatement aperçus qu'avec ces sortes de tubes l'équilibre n'est pas stable dans les conditions de suspension adoptées par eux ; on ne peut les employer qu'avec une balance dont le centre de gravité est *plus bas* que le point de suspension (la balance peut d'ailleurs être à bras égaux ou à bras inégaux).

Dans le *Dizionario tecnologio* (Venise, 1831, t. II, p. 376), M. Minotto donne une description détaillée d'un baromètre qui repose encore sur le même principe; seulement M. Minotto termine le tube en haut par une chambre ou renflement cylindrique, et en bas par une cloche de même diamètre. D'après les citations que j'ai sous les yeux (je ne connais pas la description originale), il faut croire que cet appareil ne diffère des baromètres à balance que par des modifications de détail. Au contraire, le *baroscope* de Caswell, dont on trouve la figure chez Desaguliers, en diffère par une particularité essentielle : la chambre supérieure du tube est remplie d'air, au lieu d'être vide, comme dans le baromètre proprement dit. Cet instrument est décrit, paraît-il, dans le *Nuovo Dizionario tecnologico*, t. XVI, p. 254, et t. XXVII, p. 82, où M. Minotto indique les perfectionnements dont il est susceptible; il a été remis en lumière en 1839 par M. Cooper, sous le nom de *baromètre hydropneumatique*, et le baromètre d'Angelo Bertoni (1) n'en diffère que par la substitution de l'eau au mercure.

Au mois de janvier 1857, le P. Secchi fit connaître son baromètre à balance, qu'il prétendait nouveau. Dans la première description (*Album*, XXIII, 48. Rome, 1857), il dit que c'est un simple tube barométrique de 15 millimètres de diamètre, suspendu à l'extrémité d'une romaine à laquelle est fixée une longue aiguille qui parcourt un arc divisé : c'est, mot pour

---

(1) *Descrizione di alcuni nuovi strumenti fisici dell' Università di Siena*, del prof. Pianigiani. Je donne ces dernières citations d'après la brochure du P. Filippo Cecchi : *Il barometro areometrico a bilancia*. Firenze, 1862. (*N. Cimento*, t. XVI) Voir aussi *les Mondes*, 1863, t. III, p. 116.

mot, le baromètre de Morland. Parmi les avantages de cette construction, le P. Secchi cite
les suivants : le tube peut être en fer ; la pression n'étant pas mesurée, mais pesée, le baromètre à balance est indépendant des causes perturbatrices qui agissent sur le baromètre ordinaire : adhésion des ménisques, corrections dues à la température et aux variations de la
pesanteur, etc. On verra plus loin que c'étaient là des illusions. Dans un post-scriptum, il dit
qu'il a essayé d'ajouter au tube de 15ᵐᵐ une chambre renflée du calibre de 60ᵐᵐ ; que les
tubes ainsi construits ont peu de *stabilité statique*, et qu'après divers essais il a adopté le
mode de suspension suivant : le tube s'attache au bras court d'une balance romaine dont le
bras long est incliné de 45°, pendant que l'autre est horizontal. Le 1ᵉʳ février 1857, le P. Sec-

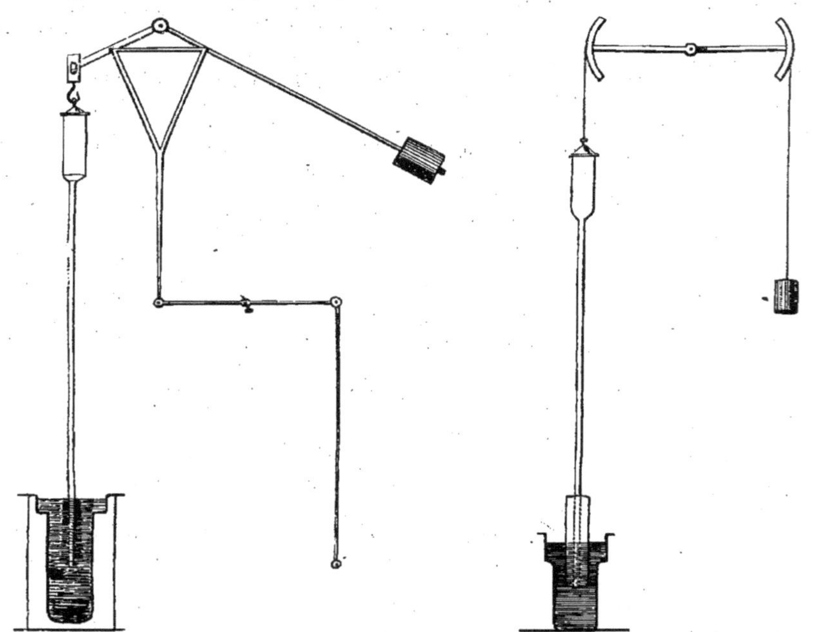

FIG. 5. — Baromètre du P. Secchi (1857).   FIG. 6. — Baromètre Cecchi et Antonelli (1860).

chi présenta à l'Académie pontificale des *Nuovi Lincei* un mémoire (1) dans lequel il décrit
son baromètre, ou plutôt son barographe, avec plus de détails. Il entre aussi dans quelques
considérations théoriques sur le baromètre à peson ; il dit notamment que les indications de
cet instrument ne sont pas proportionnelles à la pression, des comparaisons avec un baromètre étalon ayant montré que pour les pressions élevées l'échelle est de 4ᵐᵐ.5, et pour les
pressions basses de 5ᵐᵐ.4. Dans la description du météorographe de Rome, publiée en 1866,
il est dit également que l'échelle du tracé est plus petite pour les pressions élevées que pour
les pressions basses (p. 8 du tirage à part). Le P. Secchi ajoute qu'il a prié le P. Jullien de
chercher si l'on ne pourrait pas remédier à cet inconvénient par une courbure particulière
de la chambre barométrique, et que ce dernier lui a, en effet, communiqué des formules qui
résolvent ce problème. Il ne communique pas la solution du P. Jullien ; en revanche, il
donne une formule dénuée de sens, à laquelle il renvoie encore en 1866, et qui prouverait
au besoin, si ce n'était pas chose connue, que le P. Secchi ne sait pas les mathématiques.

---

(1) *Atti dell' Acad. dei N. L.*, 1857. — Voir aussi : *Nuovo Cimento*, 1857, t. V, p. 14 et 367. — *Comptes-
rendus de l'Académie des sciences*, XLIV, p. 31. — *Cosmos*, t. X, p. 58. — *Memorie dell' Oss. dell' Coll.
Rom.*, vol. I, 1859. — *Descrizione del Meteorografo* (extrait du *Bulletino meteorologico* du 30 avril 1866).

Le R. P. Jullien a publié ses formules dans les *Annales de Tortolini* (Rome, 1861, n° 6, p. 337). C'est par hasard que j'ai trouvé le titre de son mémoire dans un recueil allemand, les *Berliner Berichte*, et ce n'est que grâce à l'extrême obligeance de M. Chasles que j'ai pu en prendre connaissance, car les *Annales des mathématiques* de Tortolini n'existent ni à la Bibliothèque impériale, ni à celle de l'Institut, au delà de 1857. Les formules du P. Jullien sont, malheureusement, inexactes.

Le mémoire du P. Secchi, dans les *Atti*, est suivi d'une note qui renferme une réclamation de priorité d'Amici en faveur de M. Minotto, réclamation déjà imprimée dans la *Gazette officielle* de Vérone (n° 30, 1857). M. Forbes renouvela cette réclamation le 2 mars 1857 en faveur de Morland et de Magellan. Il en résulte que, depuis 1857, le P. Secchi connaissait, ou du moins pouvait connaître, avec un peu de bonne volonté, les droits des *anciens*, comme il les appelle. Il s'est néanmoins toujours borné à des mentions vagues dans le genre de celle-ci : qu'en fouillant dans de vieux papiers, on avait déterré des projets de baromètre à balance, projets dont l'exécution avait rencontré des dificultés insurmontables, etc. On voit que rien n'est plus contraire à la vérité.

Le baromètre à balance du P. Secchi fut installé au Collége des Jésuites, à Rome. Peu après, M. Armellini, qui l'avait vu fonctionner, proposa de supprimer la balance et de soutenir le tube flottant dans le liquide, comme l'avaient déjà fait Caswell, Cooper et Bertoni. En 1862, M. Armellini revint au mercure, et fit construire son *baromètre multiplicateur hydrargyrostatique* (1). M. Armellini employait à cet effet un manchon de bois, qui enveloppait *toute* la partie immergée du tube, et rendait ainsi l'équilibre stable, tandis que le manchon de Maguire ne pouvait pas produire ce résultat. Il faut dire cependant que, depuis 1860, les PP. Cecchi et Antonelli avaient installé dans la *Loggia dell' Orgagna* (dite aussi *dei Lanzi*), à Florence, un baromètre statique suspendu comme celui de Magellan, mais pourvu d'une chambre renflée et d'un manchon plus large que la chambre, ce qui est la condition nécessaire à la stabilité de l'équilibre lorsqu'on emploie ce mode de suspension. Vers la même époque, M. Alfred King faisait construire un barographe de ce système pour l'Observatoire de Liverpool ; le tube y est suspendu à un fil enroulé sur une poulie et tendu par un contre-poids (2). M. Wild a adopté le baromètre du P. Secchi pour le météorographe de Berne. Enfin, le baromètre du météorographe que le P. Secchi a exposé à Paris est pourvu d'un manchon et suspendu à l'extrémité d'un fléau horizontal, à bras égaux ; le bras opposé porte un contre-poids. Pour empêcher les déviations latérales, M. King guide le tube de son baromètre par des poulies de friction ; le P. Secchi guide le sien par une tige articulée horizontale, qui fait parallélogramme avec le fléau de la balance.

Tout récemment, Vidi a proposé un baromètre d'une forme très-curieuse, qui repose encore sur le même principe. Le tube est fixe, la cuvette mobile ; mais, au lieu d'être soutenue par une balance, comme dans le baromètre de Coxe, *elle flotte librement dans le tube*. Voici comment. La cuvette porte en son milieu un tube fermé par le haut, ouvert par le bas, qui remonte dans le tube barométrique ; cette espèce de tige creuse flotte dans la colonne supérieure et supporte la cuvette, qui se trouve ainsi suspendue en l'air, grâce à la pression atmosphérique qui agit de bas en haut. M. Vidi introduit donc sous une cloche fixée à un support une autre cloche plus petite, dont le bord se relève de manière à former une auge circulaire autour du bord de la cloche fixe ; dans cette auge, il verse de l'eau qu'il fait remonter dans la cloche fixe, en aspirant l'air de celle-ci par un robinet. Si les dimensions des cloches sont bien déterminées, on voit la cloche inférieure se tenir flottante sous le liquide. (*Les Mondes*, t. III, p. 25 et 99.) M. Faa de Bruno a imaginé quelque chose d'analogue, mais je n'ai pu me procurer là-dessus des renseignements plus précis.

---

(1) Dans le *Cosmos* du 18 juillet 1862 (t. II, p. 66), j'ai déjà donné en quelques lignes la théorie de cet appareil et j'ai annoncé que le niveau extérieur ne devait pas varier, propriété importante que M. Armellini niait alors. Plus tard, le P. Antonelli est arrivé au même résultat. Il cite mes formules, mais d'après la *Corrispondenza scientifica in Roma* du 26 septembre 1862, où elles sont malheureusement défigurées par des erreurs d'impression. On les trouve reproduites d'une manière exacte dans *les Mondes* (1863, t. III, p. 116).

(2) *Report of the astronomer to the marine Comittee*, Liverpool, avril 1863. — *Carl's Repertorium*, 1866, t. I, n°ˢ 5 et 6, p. 294.

Si j'ai tenu à réunir ici ces détails historiques, c'est que le baromètre hydrostatique, ou baromètre à balance, a donné lieu à des controverses de priorité dans lesquelles ne brille pas la bonne foi scientifique. Il me reste à expliquer le principe de l'appareil. Lorsqu'on plonge dans la cuvette le tube du baromètre de Torricelli, on peut l'enfoncer plus ou moins sans que la différence de niveau du mercure intérieur et extérieur change; le tube semble glisser sur la colonne barométrique comme sur un piston solide. Mais il n'est en équilibre que dans une seule position; si on l'enfonce davantage, il tend à remonter; si on ne l'enfonce pas assez, il pèse à la main. C'est la poussée du liquide qui le fait remonter; c'est son propre poids et celui de l'atmosphère qui tendent à l'enfoncer. En effet, puisque la colonne de mercure fait équilibre à la pression atmosphérique qui agit de bas en haut dans le liquide, la pression qui agit de haut en bas au sommet du tube n'est pas équilibrée, et il faut l'ajouter au poids du tube. Mais comme elle est égale au poids de la colonne de mercure intérieure, nous ne changerons rien à l'équilibre du système si nous ajoutons cette colonne au poids du tube, en considérant, au contraire, la pression au sommet comme équilibrée par celle qui agit de bas en haut. Cela simplifie les calculs : nous pourrons regarder le tube, *avec le mercure* qu'il renferme depuis la base jusqu'au sommet, comme un corps flottant autour duquel la pression atmosphérique est équilibrée. Il faut donc que le poids total du tube, y compris le mercure intérieur, soit égal à la poussée du liquide, c'est-à-dire au poids du mercure déplacé par la partie immergée, cette partie étant considérée comme un piston ou cylindre *plein*. C'est l'équation de l'équilibre des corps flottants.

Je supposerai d'abord que le poids *du tube* est invariable; c'est le cas du baromètre flottant et celui d'un baromètre suspendu à une poulie ou à une balance dont le centre de gravité se confond avec le point d'appui (Morland). Si la pression atmosphérique augmente, la colonne intérieure s'élève au-dessus du niveau extérieur, il rentre donc du mercure dans le tube. Pour que l'équilibre hydrostatique subsiste, il faut que la quantité de mercure qui entre et qui s'ajoute au poids du système soit égale à celle qui est déplacée par la base du tube pendant qu'il enfonce davantage. Il s'ensuit immédiatement que le niveau extérieur ne peut pas varier. En effet, quand le tube (que nous considérons toujours comme un cylindre *plein*) s'enfonce au-dessous du niveau extérieur, il déplace par sa base une certaine quantité de mercure, qui est chassée *en totalité* dans le tube, puisque le poids du mercure déplacé, dont s'augmente la poussée, doit être toujours égal à celui qui vient, de l'autre côté, s'ajouter au poids du corps flottant, en pénétrant dans la chambre barométrique. La quantité de mercure qui reste en dehors du système flottant n'éprouve donc aucune variation, et il en résulte que le niveau extérieur ne change pas. S'il changeait, il y aurait une nouvelle quantité de mercure qui serait déplacée et qui troublerait l'équilibre; ce serait comme si le fond de la cuvette se relevait ou s'abaissait, le niveau du bain de mercure restant toujours à la même hauteur absolue dans l'espace. Il est donc clair que dans la cuvette le niveau doit rester fixe. La fixité du niveau s'obtient par un autre moyen dans le baromètre de J. Bernoulli (Fig. 4), dont la branche fermée est un tube vertical terminé en haut par une chambre renflée, et la branche ouverte un tube horizontal dans lequel le mercure avance ou recule lorsque la pression vient à changer. Ce baromètre multiplie la variation de la pression dans le rapport des calibres du tube horizontal et de la chambre supérieure.

Le baromètre hydrostatique est également un *multiplicateur*. En effet, puisque le volume de mercure déplacé par la base de l'appareil lors d'une variation de la pression est égal à celui qui entre dans la chambre, il s'ensuit que le produit de la base pleine B par l'accroissement p de la profondeur d'immersion doit être égal au produit de la section intérieure de la chambre C par la quantité h dont le niveau intérieur se rapproche du sommet du tube :

$$B\,p = C\,h.$$

Quand le tube descend de p millimètres dans le bain de mercure, dont le niveau ne varie pas, comme nous l'avons vu, et que le niveau intérieur se rapproche de h millimètres du sommet du tube, la distance de ce niveau au niveau extérieur ne s'accroît évidemment que de la différence $h - p$; cette quantité doit être égale à l'accroissement m de la pression atmosphérique :

$$m = h - p.$$

Il s'ensuit immédiatement :

$$m = \text{B} \cdot \frac{h}{\text{B}} - \text{C} \cdot \frac{p}{\text{C}} = (\text{B} - \text{C}) \frac{h}{\text{B}} = (\text{B} - \text{C}) \frac{p}{\text{C}},$$

ou bien (1) :

$$\begin{cases} h = \dfrac{m\,\text{B}}{\text{B} - \text{C}} = m + p \\ p = \dfrac{m\,\text{C}}{\text{B} - \text{C}}. \end{cases}$$

La variation p de la profondeur d'immersion sera donnée par l'abaissement du sommet du tube, puisque le niveau extérieur ne varie pas; la variation h du niveau intérieur, par rapport au sommet du tube, pourra se lire sur une échelle fixée au tube, si ce dernier est en verre. Dans tous les cas, l'une et l'autre de ces quantités seront d'autant plus considérables que la différence B — C sera plus petite. Dans un tube barométrique ordinaire, B — C représente la section annulaire du tube. En supposant le calibre intérieur = 8 millimètres et l'épaisseur du verre égale à 1 millimètre, les sections B et C seront dans le rapport des carrés 100 et 64, et nous aurons $h = \frac{25}{9} m$, $p = \frac{16}{9} m$; le déplacement du niveau intérieur serait presque triple, le déplacement absolu du tube encore presque double de la quantité m, qui représente la variation du baromètre ordinaire. En modifiant les dimensions B et C, on peut donc à volonté déterminer le coefficient du baromètre, c'est-à-dire le rapport dans lequel il amplifie les variations de la pression.

La section inférieure B devra être plus grande que le calibre C de la chambre barométrique toutes les fois qu'on voudra employer le mode de suspension de Magellan (fléau droit à bras égaux) ou celui de Morland (fléau droit à bras inégaux), ou bien soutenir le tube par un flotteur. En effet, si B était plus petit que C, la différence B — C et l'abaissement p, qui rétablit l'équilibre du tube, seraient négatifs; une augmentation de pression m exigerait donc un mouvement ascendant du tube par lequel il perdrait un poids p (B — C) égal à m C. Or, une pression naissante chasse toujours du liquide dans le tube et commence par le rendre plus lourd : il tend à descendre, c'est-à-dire à s'éloigner de sa nouvelle position d'équilibre, et plus il descend, plus il devient lourd. Il s'ensuit que l'équilibre est *instable* si B < C ; c'est ce que le P. Secchi a observé, en effet, avec les tubes à double section. Lorsqu'on veut employer ces tubes, il faut les attacher à une balance dont le centre de gravité soit *au-dessous du point de suspension*.

Par cet artifice, on peut obtenir que, grâce au mouvement de rotation de la balance, le tube perde en descendant plus de poids qu'il n'en gagne, et qu'en définitive il devienne ainsi plus léger, de sorte que la pression m se trouve compensée et l'équilibre rétabli dès que le tube est descendu d'une certaine quantité. La condition essentielle dans ce cas c'est d'abaisser le centre de gravité de la balance (par exemple, en faisant usage d'un *fléau brisé*) et d'y réunir un *poids suffisamment grand*. Le P. Secchi commet une erreur de principe en attribuant la stabilité de sa construction à l'emploi des bras *inégaux*. Le baromètre de Morland est aussi à bras inégaux, mais il ne comporterait pas un tube à double section ; d'un autre côté, le baromètre de Magellan, dans lequel la balance a des bras *égaux*, comporterait parfaitement un tube à double section, si la boule de métal, qui fait contre-poids à l'aiguille verticale, était appliquée *au-dessous* du point de suspension.

Lorsqu'on a recours au fléau brisé, on obtient un équilibre stable, mais l'on sacrifie la proportionnalité des indications, et ce n'est pas là le seul inconvénient de la construction adoptée à Rome. Les tubes à section uniforme, ainsi que les tubes à chambre renflée et à manchon, dispensent de cet artifice, puisque l'équilibre est essentiellement stable

---

(1) Dans le *Cosmos* (en 1862) et dans les *Mondes* (en 1863), j'ai présenté la dernière équation sous une forme moins générale, en remplaçant les sections B et C par les carrés des rayons R et r, ce qui suppose des sections circulaires. Le P. Secchi avait reproduit la formule ainsi modifiée en 1866, ce qui ne l'a pas empêché de critiquer la formule nouvelle, en feignant de croire que B représentait une section annulaire. Je dis : *feignant*, car il a fait insérer sa critique au *Compte-rendu* de l'Académie, quoique je lui eusse expliqué la nature de sa méprise avant l'impression du *Compte-rendu*.

avec ces sortes de tubes où B > C. On peut les suspendre à un fléau droit, à bras égaux, comme le font Magellan, le P. Cecchi, et le P. Secchi à l'Exposition ; mais il y aurait probablement avantage à employer un fléau droit à bras inégaux, parce qu'on pourrait alors diminuer le contre-poids, ce qui rendrait la balance plus légère et plus mobile. On pourrait enfin combiner le fléau brisé avec les tubes à manchon dans les conditions que j'indiquerai plus loin.

Retournons maintenant au baromètre statique à équilibre indépendant. Je suppose donc que B > C. En choisissant convenablement les dimensions relatives des deux sections, on pourra donner au *coefficient d'amplification* $\dfrac{C}{B-C}$ une valeur quelconque. Pour une chambre C d'un calibre de 30^{mm} et un plongeur B d'un diamètre de 31^{mm}.5, on aurait $p = 10\,m$ et $h = 11\,m$, c'est-à dire que le tube s'abaisserait de 10^{mm} et que le mercure s'élèverait à l'intérieur de 11^{mm}, quand la pression augmenterait de 1^{mm}.

Lorsqu'on ne veut observer que la quantité p, le tube pourra être en métal, au lieu d'être en verre. Le manchon destiné à grossir le plongeur devra être de la même matière, si l'on ne veut pas s'exposer à altérer le coefficient $\dfrac{C}{B-C}$ par l'inégale dilatation des surfaces B et C. Un manchon en bois a, de plus, l'inconvénient de changer de volume par des influences hygrométriques, ce qui doit faire varier le coefficient du baromètre d'un jour à l'autre. Il vaut mieux, si l'on veut alléger le baromètre, entourer le tube de fer d'un manchon *creux*, également en fer, comme l'a fait le P. Cecchi à Florence.

Pour soutenir l'appareil, on pourra le munir d'un flotteur, ou bien faire usage d'un système de suspension qui ne trouble pas l'équilibre hydrostatique. Un tel système est réalisé par une balance dont le centre de gravité se confond avec le point d'appui, par une roue, par une combinaison de poulies, etc. Le sommet du tube se déplace alors d'une quantité rigoureusement proportionnelle à m, et il suffira d'y fixer un crayon horizontal pour obtenir sur un tableau vertical le tracé exact des variations barométriques. Si l'on veut que la rotation de la balance soit également proportionnelle à m, il faut recourir à une suspension *circulaire*, c'est à dire attacher le tube et le contre-poids à des fils qui s'enroulent sur des arcs de cercle. Magellan employait dans ce but un fléau droit à bouts circulaires ; M. King emploie une roue entière. Le crayon peut alors s'attacher au bout d'une longue aiguille qui tourne avec la balance : il décrira des arcs proportionnels à m. M. King attache le crayon au contre-poids.

Dans le barographe exposé par le P. Secchi, le tube est fixé au bout d'un fléau droit par une suspension à couteau, et le mouvement du crayon, commandé par la languette de la balance, est *approximativement* proportionnel à la variation barométrique. Soient a et a' deux inclinaisons successives du levier, et r sa longueur, alors $p = r\,(\sin a' - \sin a)$, où bien, en faisant $a' = a + \rho$,

$$p = r\rho \cos a, \qquad \text{et} \qquad \frac{m}{\rho} = \frac{B-C}{C}\,r \cos a.$$

Le P. Secchi fait guider le crayon par un parallélogramme de Watt, composé de l'aiguille verticale de la balance, d'une bielle horizontale et d'une bielle verticale ; le tracé est donc horizontal et sensiblement proportionnel à ρ. On peut le considérer comme proportionnel à m, si l'inclinaison a diffère peu de zéro, c'est-à-dire si le fléau reste toujours approximativement horizontal.

Les dimensions de l'appareil sont assujetties aux conditions suivantes. Soit T un volume de mercure d'un poids équivalent au poids effectif du tube et d'une densité égale à celle du liquide employé, M le volume du mercure que renferme le tube, P la profondeur d'immersion totale, nous aurons, en vertu des principes posés plus haut,

$$T + M - BP = 0.$$

Je désignerai encore par S la section de la partie étroite du tube, par K la longueur de cette partie ou la distance de la base du tube à la chambre renflée, par H la hauteur du mercure dans la chambre, et par β la hauteur du baromètre ordinaire ; alors

$$M = SK + CH, \quad \beta + P = H + K,$$

et

$$T + C\beta = (B - C) P + (C - S) K.$$

Cette relation établit la dépendance réciproque des dimensions du tube. Elle prouve qu'un contre-poids qui diminue T est nécessaire, si l'on ne veut pas donner au tube une longueur démesurée. Soit π ce contre-poids, que je supposerai agissant au même bras de levier que T; le poids réel du tube vide sera $T + \pi$, et son poids *effectif* T pourra être positif, nul ou négatif. Le contre-poids π agit au sommet, de bas en haut; la poussée BP agit au centre de poussée, également de bas en haut; le poids réel du tube plein, $BP + \pi$, agit à son centre de gravité. La stabilité de l'équilibre *horizontal* exige que le métacentre (le point où s'applique la résultante des deux forces BP et π quand le tube s'incline) soit situé au-dessus du centre de gravité. Un manchon de bois n'abaisse pas suffisamment le centre de gravité, et la conséquence c'est que le tube tend à se jeter de côté. Le P. Secchi est obligé, pour cette raison, de maintenir le tube par une bride ou bielle articulée horizontale. Le P. Cecchi a cherché à remédier au même inconvénient par un manchon creux dans lequel il verse du mercure ; M. Minotto arrive au même résultat en terminant le tube par une cloche : c'est comme s'il y avait un manchon de mercure.

Nous allons maintenant chercher la force motrice qui fait monter ou descendre le tube. Si le poids effectif T augmente d'une quantité π, le tube enfonce de p millim., le liquide monte à l'intérieur d'une quantité $h = p$, et il en résulte une perte de poids égal à $(B-C)\, p$; l'équilibre sera donc rétabli lorsque p sera devenu égal à $\dfrac{\pi}{B-C}$, et la perte de poids égale à π (si la différence $B - C$ était négative, p représenterait un déplacement dirigé de bas en haut, et l'équilibre, une fois rompu, ne pourrait plus se rétablir : il serait instable). Le poids π produit en outre dans la cuvette une élévation de niveau n qui fait sortir du tube un volume de liquide $E\,n$, en désignant par E la surface *pleine* du bain de mercure, y compris la place occupée par le tube; on voit aisément que $En = (B - C)\,p = \pi$. Le sommet du tube descend d'une quantité

$$p - n = \pi \left(\frac{1}{B-C} - \frac{1}{E} \right) = \frac{\pi}{B-C} \cdot \frac{E - B + C}{E},$$

quantité toujours de même signe que p. Une pression m et un contre-poids π produisent donc ensemble un abaissement total

$$\frac{m\,C}{B-C} - \frac{\pi}{B-C} \quad \frac{E - B + C}{E}:$$

Si le tube doit rester immobile, il faut que cette différence soit nulle, ou que

$$\pi = \frac{m\,C\,E}{E - B + C}:$$

c'est le contre-poids qui neutralise l'effet d'une pression m, ou l'effort que cette pression exerce au sommet du tube.

Pour l'exprimer en grammes, il faut encore multiplier l'expression ci-dessus par le poids spécifique du mercure, lequel est égal à 1 gr. 36, en supposant m donné en millimètres et les surfaces B, C, E en centimètres carrés. Il s'ensuit que le poids

$$\pi_0 = 1^{\text{gr}}.36\, \frac{C\,E}{E - B + C} = \frac{1^{\text{gr}}.36\,.\,C}{1 - \dfrac{B - C}{E}}$$

représente la force motrice qui correspond à 1^{mm} de pression. C'est aussi la tare qui équilibre 1^{mm} de pression lorsqu'on veut *peser* l'atmosphère à l'aide d'un baromètre à balance. Pour avoir une grande force motrice, il faudra faire la chambre C aussi large que possible ; il est vrai que par là on augmente en même temps la masse à mouvoir. On pourra encore accroître la force motrice en resserrant l'orifice de la cuvette autour du manchon, afin de diminuer la surface E (π_0 ne croît avec E que lorsque la différence $B - C$ est négative).

Occupons-nous maintenant du baromètre à fléau brisé. Je suppose le tube suspendu au bras r et le contre-poids π au bras R, qui fait avec le premier un angle c. Le bras r a une inclinaison a, et s'il tourne d'un angle ρ, le sommet du tube descend d'une quantité $r\rho \cos a$.

Soit μ le produit du poids total de la balance par la distance de son centre de gravité au point d'appui (ce produit varie avec l'inclinaison du fléau). La rotation ρ fera naître le mouvement $\mu \rho$, qui produira l'effet d'un poids $\dfrac{\mu \rho}{r \cos a}$ appliqué de bas en haut à l'extrémité du levie $r \cos a$, ou, ce qui est la même chose, au sommet du tube. Or, un poids quelconque π produit, au sommet du tube, le même effet qu'une pression atmosphérique $\dfrac{\pi}{\pi_0}$; il s'ensuit que pour mettre en compte le moment de rotation $\mu \rho$, il nous suffira de retrancher de la pression m la quantité $\dfrac{\mu \rho}{\pi_0\, r \cos a}$.

En multipliant cette *pression réduite* par $\dfrac{C}{B - C}$, on doit obtenir l'abaissement observé du sommet, lequel s'exprime aussi par $r \cos a \cdot \rho$; par conséquent :

$$\frac{m}{\rho} = \frac{B - C}{C}\, r \cos a + \frac{\mu}{\pi_0\, r \cos a}.$$

Lorsqu'on peut admettre que le poids total de la balance se concentre en deux points situés aux extrémités des bras r, R, on trouve

$$\mu = \Pi R \, \frac{\sin c}{\cos a},$$

d'où :

$$\frac{m}{\rho} = \frac{B - C}{C}\, r \cos a + \left(1 - \frac{B - C}{E} \right) \frac{W}{C \cos^2 a}.$$

en désignant par W le volume $\dfrac{\Pi R \sin c}{1.36\, r}$. On voit que le rapport de la rotation ρ à la variation m est loin d'être constant; pour le faire varier le moins possible, il faut maintenir le bras r autant que possible horizontal ($\cos a = 1$). Toutefois, il y aurait un moyen d'obtenir une rotation ρ proportionnelle à m : ce serait d'employer soit une chambre C, soit un manchon B à section *variable*, déterminée par la condition que $m = A \rho$. Elle conduit à la relation (1) :

$$W \left(1 - \frac{B - C}{E} \right) - A C \cos^2 a + (B - C)\, r \cos^3 a = 0,$$

qui permet de déterminer B ou C en fonction de a. Pour qu'on puisse construire la section verticale de la chambre ou celle du manchon à l'aide de cette formule, il faut encore exprimer en fonction de a les coordonnées verticales, qui correspondent aux sections C et B, soit h et p.

On voit aisément que le niveau extérieur s'abaisse d'une quantité n, telle que

$$E\, n = \frac{\mu \rho}{1.36\, r \cos a} = \frac{W \rho}{\cos^2 a} :$$

Si la rotation $\rho = a - a_0$ est un peu considérable, il faut ici remplacer $\dfrac{\rho}{\cos^2 a}$ par la différence $\operatorname{tg} a - \operatorname{tg} a_0$, de sorte que :

$$n = \frac{W}{E}\, (\operatorname{tg} a - \operatorname{tg} a_0).$$

On a ensuite $p + n = r \cos a\, \rho = r\, (\sin a - \sin a_0)$, et $h = p + A \rho = p + A\, (a - a_0)$, en supposant a exprimé en parties du rayon. Pour une inclinaison moyenne nulle, $a_0 = 0$, on aurait $h = p + A a$, et

$$p = r \sin a - \frac{W}{E}\, \operatorname{tg} a;$$

c'est la hauteur de la section d'affleurement B au-dessus de la section B_0 où le niveau extérieur affleure quand le bras r est horizontal. L'unité de Π est le gramme, celle de B, C, E le

---

(1) Le R. P. Jullien a déjà cherché la courbure qu'il faudrait donner à la chambre C pour avoir une rotation proportionnelle. La formule ci-dessus se ramènerait à celle à laquelle il est arrivé par une autre voie, s'il n'avait pas commis deux erreurs, l'une sur le signe de l'abaissement total $r \cos a\, \rho$, l'autre sur la valeur du changement de niveau n.

centimètre carré, celle de p, h, r, R, A le millimètre; A est le rayon de la circonférence sur laquelle r se déplace de 1^{mm} quand la pression varie de 1^{mm}.

Les conditions relatives à la stabilité de l'équilibre sont faciles à déduire de ce qui précède. Une pression naissante m produit toujours une tendance de mouvement dirigé de haut en bas; il faut donc que l'équilibre puisse être rétabli par la rotation qui correspond à ce mouvement; en d'autres termes, il faut que ρ soit de même signe que m, ou que le rapport $m : \rho$ soit toujours positif. Il le sera nécessairement si B > C; dans ce cas, l'équilibre est donc toujours stable. Avec B < C, la stabilité dépend de la valeur de la constante W; il faut que

$$\left(1 + \frac{C - B}{E}\right) W > (C - B)\, r \cos^3 a,$$

ou bien, puisque cos a peut devenir égal à l'unité,

$$\pi R \sin c > \frac{C - B}{1 + \dfrac{C - B}{E}}\, 1\,\text{gr.}\,36.$$

Cette formule montre qu'avec les tubes à double section il faut employer un fléau brisé ($c < 180°$) et un contre-poids d'une certaine grandeur. L'égalité ou l'inégalité des bras r, R n'a évidemment rien à faire avec la stabilité de l'équilibre ; elle n'a d'influence que sur la sensibilité de la balance; on voit, en effet, qu'en agrandissant R on peut réduire π, ce qui rend la balance plus legère. Rien n'empêche d'ailleurs d'avoir recours au même artifice lorsqu'on emploie un tube à manchon et un fléau droit.

J'ai supposé ici que le moment de rotation de la balance était produit par le poids π fixé au bras R, et que le poids de l'aiguille verticale était négligeable. Mais l'on pourrait s'y prendre autrement : équilibrer le tube par une suspension circulaire à la Magellan et lester l'aiguille verticale à son extrémité *inférieure*. Avec cette simple modification, Magellan aurait pu employer le tube à double section dont il parle. Soit e l'écart de l'aiguille L par rapport à la verticale, π le poids qu'elle porte, on aura :

$$\frac{m}{\rho} = \frac{E + C - B}{E\,C} \cdot \frac{\pi L \cos e}{1.36\,r} - \frac{C - B}{C}\, r,$$

et la condition de la stabilité sera la même que précédemment, en écrivant cos e à la place de sin c.

Soit s le nombre de millimètres dont se déplace l'extrémité de l'aiguille quand la pression change de 1^{mm}, on aura :

$$\frac{C}{s} = \left(1 + \frac{C - B}{E}\right) \frac{\pi \cos e}{1.36\,r} - (C - B)\,\frac{r}{L},$$

ou bien

$$\frac{1}{s} = \frac{\pi \cos c}{\pi_0\, r} - \frac{C - B}{C}\,\frac{r}{L}.$$

Si le tube et son contre-poids étaient suspendus simplement aux deux bouts d'un fléau droit (sans les arcs de cercle), on aurait $a = e$, et :

$$\frac{1}{s} = \frac{\pi}{\pi_0\, r} - \frac{C - B}{C}\,\frac{r}{L}\,\cos a.$$

Avec une aiguille suffisamment longue, cette quantité serait sensiblement constante.

Prenons B = 1, C = 20, E = 100, nous avons $\pi_0 = 23$ gr. En supposant alors L = 1 mètre, $r = 100^{mm}$, $s = 5^{mm}$, on trouve $\pi = 680$ grammes : c'est le poids dont il faut lester l'aiguille.

Si la cuvette est mobile et le tube fixe, le poids effectif de la cuvette se calculera comme si elle était *pleine* de mercure jusqu'au niveau de la surface E. Une pression naissante l'allége en chassant le liquide dans le tube et tend, par conséquent, à la faire monter; il faut donc que la nouvelle position d'équilibre soit au-dessus de la première, pour que l'équilibre soit stable. Supposons que le mercure monte à l'intérieur de h, à l'extérieur, le long du tube, de p millimètres on aura $h = p + m$. Si la cuvette est suspendue en équilibre indifférent, son poids doit toujours rester le même, le niveau extérieur ne varie pas, et le fond s'élèvera de p millimètres en même temps que la surface E ; on aura $Bp = Ch$ et $p = \dfrac{m\,C}{B - C}$ comme auparavant, et il faudra que B > C. Dans le cas contraire (B < C), il faut soutenir la cuvette par une balance qui a un moment de rotation sensible, et les formules ressemblent à celles qui se rapportent au tube mobile.

Pour nous rendre compte de toutes les circonstances qui influent sur les résultats de ce procédé de mesure, encore peu étudié, nous allons considérer la correction thermométrique qui convient au baromètre à suspension circulaire. Voici comment nous la trouverons. Nous avons vu plus haut qu'en vertu du principe d'Archimède :

$$T + M - BP = 0.$$

Quand la température augmente, le mercure se dilate dans le rapport de 1 à $1 + q$. Le poids du tube, qui ne change pas, peut se représenter maintenant par un volume $T(1 + q)$ de mercure ayant la nouvelle densité $1 - q$, qui est celle du mercure employé. On peut donc dire que T se dilate de qT, et qT est égal à la dilatation de la capacité $BP - M$.

D'un autre côté, le volume total du mercure est égal au volume V de la cuvette, supposée pleine jusqu'au niveau N, moins BP, plus M, ou bien à $V - T$, puisque $M - BP = - T$. Ce volume se dilate de $q(V - T)$. Sa dilatation est égale à celle de la capacité $V - (BP - M)$, ou bien à l'accroissement de V, moins qT. Il s'ensuit que l'accroissement de V est représenté par qV. Le changement de niveau dans la cuvette a donc lieu comme si le tube n'existait pas; il est dû à la dilatation apparente du volume V. Pour en trouver la valeur, il faut par la pensée supprimer le tube et chercher la quantité $N' - N$ dans l'hypothèse que la cuvette, remplie jusqu'au niveau N, se dilate avec le mercure qu'elle renferme. Nous désignerons par e la dilatation linéaire, par $3e$ la dilatation cubique de la matière dont la cuvette est faite. Supposons que le mercure V ne se dilate d'abord que d'une quantité $3eV$, c'est-à-dire dans le même rapport que la capacité qu'il remplit à zéro. Le niveau s'élèvera alors de Ne. Si maintenant le liquide se dilate encore de $(q - 3e)V$, l'accroissement total sera qV, et la quantité $(q - 3e)V$ se superposera à la section E de la surface libre, où elle élèvera le niveau d'une quantité $(q - 3e)\dfrac{V}{E}$. La quantité n dont le niveau s'éloigne d'un repère marqué sur la cuvette est donc :

$$n = (q - 3e)\frac{V}{E},$$

quelle que soit d'ailleurs la forme du réservoir.

La capacité $BP - M = BP - CH - SK$, qui renfermait le volume T à zéro, s'agrandit maintenant de qT. Son accroissement peut encore se diviser en deux parties. La première, due à l'expansion de la matière du tube et du manchon (que je suppose l'un et l'autre en fer), est égale à $3eT$. La seconde $(q - 3e)T$ est produite par les quantités h, p, dont les longueurs H, P s'accroissent en dehors des dilatations eH, eP, ou bien par les *variations apparentes* h, p, constatées à l'aide d'une échelle gravée sur le tube. Par suite,

$$Bp - Ch = (q - 3e)T.$$

La différence $h - p$ est égale à la dilatation apparente de la colonne barométrique,

$$h - p = (q - e)\beta.$$

Il s'ensuit :

$$h = \frac{(q - e)B\beta + (q - 3e)T}{B - C},$$

$$p = \frac{(q - e)C\beta + (q - 3e)T}{B - C}.$$

Ainsi, le niveau extérieur monte de p millimètres sur l'échelle du tube, et de n millimètres sur l'échelle de la cuvette ; le point d'affleurement primitif de l'échelle du tube s'abaisse donc de $p - n$ millimètre au-dessous du repère marqué sur la cuvette. Le sommet du tube s'abaisse de la même quantité au-dessous d'un repère qui en marque la première position *sur une échelle solidaire avec la cuvette*. Une pression m le fait descendre de $\dfrac{mC}{B - C}$ millimètres ; l'abaissement total dû à la pression et à la température est donc :

$$\frac{mC}{B - C} + (q - e)\beta\frac{C}{B - C} + (q - 3e)\left(\frac{T}{B - C} - \frac{V}{E}\right).$$

La température produit, par conséquent, l'effet d'une pression

$$(q - e)\beta + (q - 3e)\frac{T}{C} - (q - 3e)\frac{V}{E}\frac{B - C}{C};$$

c'est la correction qu'il faut retrancher de la pression observée, pour chaque degré centigrade. On voit que le premier terme est la réduction à zéro du baromètre ordinaire. En supposant la cuvette et le tube en fer, on aura :

$$q = 0.000179; \quad e = 0.000012; \quad q - e = 0.000167; \quad q - 3e = 0.000143.$$

Le volume T se trouve, en centimètres cubes, en divisant par le poids spécifique du mercure ou par 13.6 le poids du tube exprimé en grammes. Il est facile de voir que la correction thermométrique ci-dessus s'applique aussi bien aux barographes statiques de Magellan et de Maguire qu'au baromètre à balance de Morland, en supposant toujours la balance et le support du tableau solidaires avec le support de la cuvette. Dans la pratique, il vaudra toujours mieux la déterminer par une expérience directe. Elle sera d'autant plus petite que le rapport du volume de la cuvette V à la section libre E sera plus grand, et l'on voit qu'il sera toujours possible de déterminer les dimensions de ce baromètre de manière que l'influence de la température soit insensible pour une pression moyenne donnée; l'on aura alors un baromètre *compensateur*. Cette remarque n'a pas échappé aux PP. Antonelli et Cecchi; mais ils ne l'ont pas approfondie. Ils disent qu'ils ont essayé de compenser leur baromètre empiriquement; mais le dessin qui le représente montre que les conditions exigées par la théorie ne sont point remplies dans cet appareil.

Pour que la réduction à zéro soit nulle, il faut que :

$$\frac{C}{B - C}\left(\frac{q - e}{q - 3e}\beta + \frac{T}{C}\right) = \frac{V}{E}.$$

En réduisant en nombres et en supposant $\beta = 76^{cm}$, on trouve :

$$\frac{C}{B - C}\left(89^{cm} + \frac{T}{C}\right) = \frac{V}{E}.$$

On voit que tout dépend de la dilatation apparente du mercure dans la cuvette. Il faut que cette dilatation soit très-sensible pour qu'elle puisse contre-balancer l'influence du terme qui exprime la dilatation de la colonne barométrique. En conséquence, la surface E du bain de mercure doit être aussi petite que possible, et comme elle ne peut pas être plus petite que le manchon B, il faut qu'au moins elle en diffère peu. Ensuite, il faudra donner au volume V la grandeur déterminée par l'équation ci-dessus.

Supposons que le tube, allégé par le contre-poids, pèse encore 2700 grammes; en divisant 2700 par 13.6, on trouve T = 200 centimètres cubes. Prenons B = 45, C = 30, S = 3 centimètres carrés, ce qui donne le coefficient d'amplification $\frac{C}{B - C}$ = 2. Nous aurons $\frac{T}{C}$ = 6.7 centimètres, et l'équation de condition deviendra :

$$\frac{V}{E} = 1^m.91.$$

Comme nous avons supposé B = 45, il faut au moins prendre E = 50, ce qui donne V = 9 litres et demi; l'appareil exigerait environ 130 kilogr. de mercure. Si nous prenons C = 14, B = 21, E = 25 cent. carrés, nous avons V = 5 litres environ, ou bien 70 kilogr. de mercure. La force motrice est dans les deux cas de 58 et de 27 grammes respectivement pour 1 millimètre de pression. En supposant la cuvette cylindrique et V = E N, on trouverait N = 1^m.9 et 2^m.1 respectivement; cette profondeur serait démesurée. Il faut donc construire la cuvette de manière à augmenter le rapport V : E, ce qui s'obtiendra en rétrécissant l'orifice et en élargissant le fond.

Le barographe du P. Secchi et l'appareil que le P. Cecchi a fait construire pour la Loggia dei Lanzi sont en fer, parce que les tubes de verre ont paru trop fragiles pour cet usage. M. Wild emploie cependant un tube de verre avec une cuvette en bois et cristal, ce qui lui permet d'observer la colonne barométrique. Le P. Cecchi propose de réunir plusieurs tubes de baromètre ordinaires en faisceau.

La cuvette de ce baromètre représente un thermomètre, car le niveau du bain de mercure ne s'élève que par le seul effet de la température. Pour 1 degré, il s'élève d'une quantité égale à $eN + (q - 3e)\dfrac{V}{E}$; dans le baromètre compensé, la longueur du degré serait donc $= 0^{mm}.27$, avec les dimensions adoptées plus haut. Ce serait trop peu, à moins qu'on n'eût recours à un levier d'amplification. En résumé, on voit que le baromètre hydrostatique n'a pas encore dit son dernier mot, et qu'il mériterait d'être étudié davantage.

Pour le baroscope de Caswell, dont le tube contient de l'air, l'équation $T + M = BP$ subsisterait toujours, mais la hauteur de la colonne intérieure serait $\beta - f$, en désignant par f la tension de l'air. On aurait donc à substituer dans les équations $m - df$ à la place de m. Or. $f = \dfrac{a}{v}$, en désignant par v le volume de l'air intérieur. Par conséquent,

$$df = -\frac{a}{v^2}\, dv = \frac{a\,C}{v^2}\, h,$$

lorsque v diminue de Ch. Il s'ensuit

$$(B - C)\, h = B\left(m - \frac{a}{v^2}\, Ch\right)$$

et

$$h = \frac{m\,B}{B - C + \dfrac{a}{v^2}\, BC}\,; \qquad p = \frac{m\,C}{B - C + \dfrac{a}{v^2}\, BC}.$$

Or, le volume v est variable; on voit donc que le baroscope n'a pas d'échelle constante pour l'observation des variations m. En outre, il est extrêmement sensible aux changements de la température.

Il me reste à parler des barographes et thermographes électriques de MM. Jelinek, Regnard. Ch. Montigny, Dahlander, Hipp, Hardy, Hough, Breguet, etc. M. Jelinek a publié en 1850 trois systèmes de thermographes qui diffèrent du système de M. Wheatstone (1842) par plusieurs points essentiels. D'abord M. Wheatstone établit le courant à travers toute la longueur de la colonne mercurielle, entre le fil de sonde et un autre fil soudé à la base du tube; cette disposition, imitée par le P. Secchi, a l'inconvénient d'entraîner un échauffement du liquide. M. Jelinek assemble les deux fils en les isolant et les fait plonger ensemble dans le mercure. En outre, l'immersion ne dure qu'un instant et le crayon ne fait qu'une simple marque, car l'électro-aimant qui le presse contre le papier fonctionne en même temps comme interrupteur : il retire les fils de sorte que le courant cesse de circuler immédiatement après que la marque a été faite. L'immersion des fils est produite par l'horloge, qui agit périodiquement sur un levier en connexion avec ces fils. Les marques produites par le crayon sur le tableau mobile indiquent la température, probablement parce que le tableau partage le mouvement périodique des fils de sonde; M. Kuhn, à qui j'emprunte la description des appareils de M. Jelinek, n'ayant pas sous ma main les comptes-rendus de l'Académie de Vienne, ne s'explique pas sur ce point. Les deux autres systèmes de M. Jelinek ne diffèrent du premier que par des modifications de détail (1).

M. Regnard a indiqué, au commencement de 1857, un autre système dans lequel l'électricité est employée à maintenir une sonde en contact avec la surface du mercure, de sorte qu'un crayon porté par cette sonde est forcé de suivre toutes les fluctuations du liquide et de les inscrire sur un cylindre tournant (2). M. Regnard y parvient par l'emploi d'un relais distributeur qui réagit sur un mécanisme moteur de manière qu'une fermeture de courant fait monter la sonde et qu'une interruption la fait descendre Il s'ensuit que le mercure, lorsqu'il monte et qu'il ferme le courant, fait reculer la pointe de la sonde, tandis qu'elle le suit lorsqu'il descend.

La sonde dépend d'une vis sans fin verticale, commandée par une roue-écrou horizontale, qu'un mécanisme moteur fait tourner de droite à gauche ou de gauche à droite, suivant que le relais la met en prise avec l'un ou l'autre de deux crochets d'encliquetage. Quand le

---

(1) *Handbuch der angewandten Electricitætslehre*, von Karl Kuhn. Leipzig, 1866. Un vol. de 1396 pages.
(2) *Revue des applications de l'électricité*; par M. du Moncel. Paris. 1859. Chez Hachette.

liquide tombe, il quitte le fil de sonde, et le courant du relais se trouve interrompu; alors un électro-aimant, alimenté par une pile auxiliaire, met la roue-écrou en communication avec le cliquet qui la fera tourner de manière à abaisser la sonde et le crayon. Lorsqu'au contraire le liquide s'élève, le courant du relais se rétablit et substitue le second cliquet au premier, de sorte que la roue-écrou est forcée de tourner en sens inverse, et que le crayon remonte avec la sonde. La permutation des deux cliquets peut s'obtenir de plusieurs manières différentes, soit au moyen d'un ressort qui éloigne le premier cliquet, et qui rapproche le second dès que l'électro-aimant cesse d'agir : dans ce cas, l'action du relais se borne à interrompre le courant auxiliaire; soit en transportant ce courant dans un second électro-aimant, affecté au service du second cliquet: dans ce cas, le relais est à double effet. Quant au mécanisme moteur qui fait agir les cliquets sur la roue-écrou, on peut l'emprunter soit à l'horloge qui fait tourner le cylindre, soit à un rhéotome à balancier (c'est un interrupteur imaginé par M. Regnard et qui fonctionne comme le marteau de Neef).

M. Regnard emploie ces dispositions diverses pour les thermographes. Pour le barographe, il a imaginé un système différent. Ici, la sonde est immobile, et le niveau du mercure est maintenu au contact de la pointe en ajoutant ou en ôtant du mercure, suivant qu'il tend à s'abaisser ou à s'élever. Voici comment M. Regnard obtient cet effet. La pointe de platine affleure le niveau inférieur d'un baromètre à siphon. Le jeu du relais et des cliquets est le même que précédemment, la vis sans fin monte encore quand le mercure couvre la pointe de la sonde et elle descend quand le mercure abandonne cette pointe; mais la vis est indépendante de la pointe, et, au lieu d'agir sur cette dernière, elle agit sur un piston qui plonge dans un réservoir supplémentaire, en communication avec la branche courte du baromètre. Quand le piston descend, il refoule une certaine quantité de mercure, et le niveau remonte jusqu'à la pointe; quand le piston est soulevé, le mercure afflue dans le réservoir et le niveau descend. De cette façon, le niveau inférieur ne peut pas varier sans produire un mouvement du piston qui le ramène aussitôt sous la ligne de foi.

Il est clair que la quantité de mercure qui s'ajoute au niveau supérieur quand la pression change est exactement égale à celle qui est déplacée par le piston, d'où il suit que les mouvements de ce dernier seront toujours proportionnels aux variations du baromètre. Si nous appelons B la section du piston et C celle du tube, p la quantité dont le piston descend, et m la variation de la pression, nous avons $Bp = Cm$, ou bien $p = \dfrac{C}{B}m$. Par conséquent, p représentera la variation m amplifiée lorsque B sera plus petit que C. On voit qu'il y a une analogie frappante entre ce baromètre et le baromètre statique; dans l'un et dans l'autre les variations de la pression se traduisent par les mouvements d'une tige qui les amplifie, dans l'un et dans l'autre le niveau extérieur demeure fixe; enfin, le baromètre de M. Regnard peut, comme le baromètre statique, être affranchi de la réduction à zéro. Il suffit pour cela que la *dilatation apparente du volume total du mercure soit égale à la dilatation vraie de la colonne barométrique*; l'excès de volume qui résulte de la dilatation se superpose alors en entier au niveau supérieur, et le niveau inférieur n'est pas affecté par les changements de température. On remplit cette condition pour tous les baromètres à siphon en faisant le volume total du mercure égal à $\dfrac{q \beta C}{q - 3e}$, où β est la hauteur moyenne du baromètre, $q = 0.000180$ et $q - 3e = 0.000155$ pour mercure et verre. Pour compenser l'influence de la température sur le niveau inférieur d'un baromètre à siphon, il faut donc verser dans ce baromètre un volume de mercure égal à $1.16 \beta C$; pour une pression moyenne de 76 centimètres, on aurait $1.16 \beta = 88$ centimètres, le volume nécessaire serait donc celui d'une colonne de 88 centimètres ayant pour base la section C de la chambre barométrique. Je reviendrai sur ce sujet à propos du baromètre de M. Hough.

M. Regnard a songé à appliquer son système d'enregistrement à un hygrographe, en suspendant l'aiguille horizontale d'un hygromètre au-dessus de la roue commandée par les deux cliquets électro-magnétiques. Cette roue, au lieu d'être traversée par une vis sans fin, engrène maintenant avec une crémaillère qui porte le crayon traceur. L'aiguille de l'hygromètre oscille parallèlement au plan de la roue entre deux boutons qui correspondent élec-

triquement avec les deux cliquets. Quand l'aiguille touche l'un de ces boutons, elle ferme
le courant de l'un des deux cliquets, et le mécanisme moteur fait alors tourner la roue dans
le sens du mouvement de l'aiguille. C'est ainsi que la faible impulsion que le fil hygromé-
trique communique à l'aiguille suffit pour faire marcher un appareil enregistreur. On pourrait appliquer le même principe à l'enregistrement de tous les mouvements circulaires dont
la force motrice est très-faible, mais l'appliquer à la girouette serait un non sens, comme l'a
déjà dit M. du Moncel.

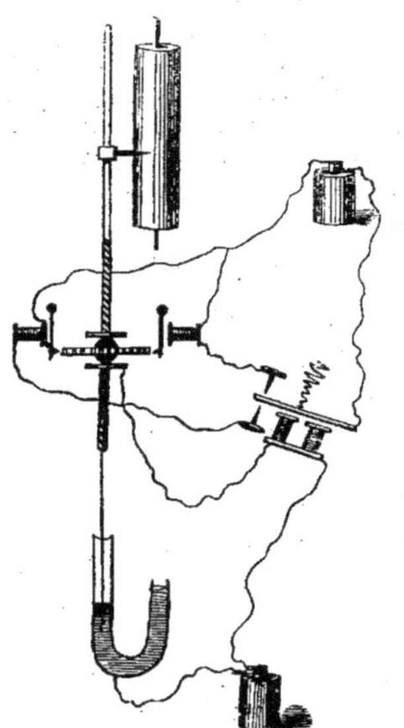

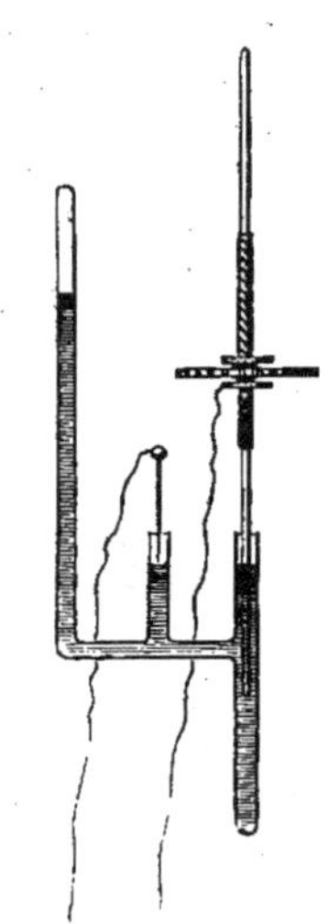

FIG. 7. — Thermographe de M. Regnard.   FIG. 8. — Barographe de M. Regnard.

Dans les appareils enregistreurs dont M. Montigny a publié la description en décembre
1857, et qui ont une analogie frappante avec ceux de M. Regnard, le sommet de la colonne
mercurielle est constamment ramené à un repère fixe par le déplacement qu'une vis micro-
métrique imprime à l'instrument entier ; la vis est serrée ou desserrée selon que le courant
circule dans l'un ou dans l'autre de deux électro aimants qui agissent sur le mécanisme
moteur. Ce principe avait été déjà indiqué par M. du Moncel en 1856 (*Exposé des applic. de
l'électr.*, II, p. 407), et l'on peut s'étonner de l'aplomb avec lequel M. Montigny a présenté
ses appareils en 1857 à l'Académie des sciences de Bruxelles sans souffler mot de ce qui
avait été fait avant lui. C'est un procédé très en vogue en Belgique et à Rome.

M. Montigny a cependant modifié les détails de construction. Ainsi, chez lui, la vis sans
fin tourne dans un collier sans avancer ; elle s'engage dans deux écrous fixés l'un au tube
d'un baromètre à siphon, l'autre au crayon traceur, et se termine par une roue dentée avec
laquelle engrènent alternativement deux roues d'angle placées sous la dépendance de deux
électro-aimants. Quand le courant circule dans la première bobine, c'est la roue de droite
qui engrène, la vis tourne de droite à gauche, le tube monte, le crayon descend ; quand le
courant s'établit dans la seconde bobine, c'est la roue de gauche qui engrène, et tous les
mouvements se font en sens opposé. Une seule pile suffit à entretenir le jeu de ce double
mécanisme. Les deux bobines communiquent toujours avec le pôle positif, et alternativement avec le pôle négatif, grâce aux oscillations de la tige d'un flotteur installé dans la
branche ouverte d'un baromètre. Cette tige porte d'un côté une petite coupe remplie de
mercure et placée au-dessous d'une vis de contact fixée au mur ; de l'autre côté, elle porte
une vis de contact disposée au-dessus d'une petite coupe fixée au mur. Quand la tige monte,

le liquide de la coupe mobile se rapproche de la pointe fixe; lorsqu'elle descend, c'est la pointe mobile qui se rapproche de la coupe fixe ; c'est ainsi que le circuit se trouve fermé tantôt pour l'une, tantôt pour l'autre des deux roues d'angle qui font tourner la vis sans fin. Quand la pression est stationnaire, aucun des circuits n'est fermé, et la pile ne travaille pas.

Dans un baromètre à siphon d'un calibre uniforme, le changement de niveau n'est, pour chaque branche, que la moitié de la variation totale,; il s'ensuit que la quantité dont la vis sans fin élève ou abaisse le tube ne représente également que la moitié de cette variation. Mais M. Montigny emploie une vis double : le pas est deux fois plus grand dans la partie qui agit sur le crayon que dans celle qui agit sur le tube, de sorte que le mouvement du crayon devient égal à la variation totale du baromètre.

Pour le thermographe, M. Montigny préfère éviter l'emploi du flotteur. Il fait pénétrer les fils positifs de deux piles dans le tube ouvert du thermomètre; la pointe de l'un est un peu

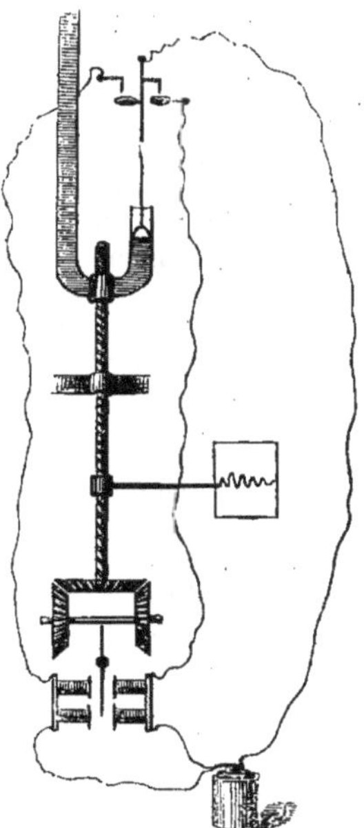

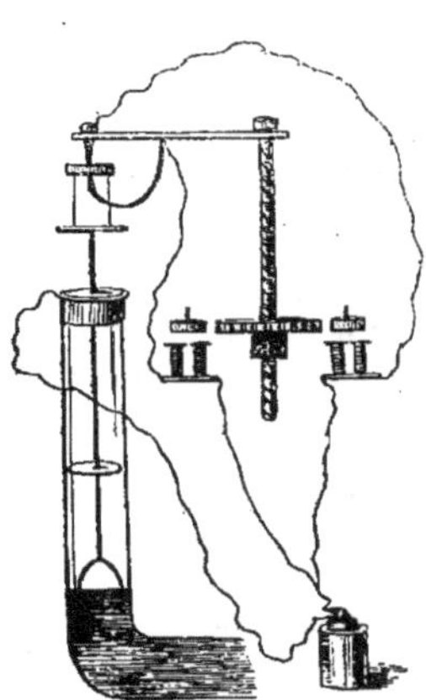

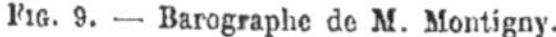

Fig. 9. — Barographe de M. Montigny.   Fig. 10. — Barographe de M. Hough.

plus basse que celle de l'autre, et le niveau du liquide doit rester compris entre les deux pointes. Quand la température s'élève, le mercure vient affleurer la pointe supérieure, le courant se ferme entre cette pointe et un fil négatif soudé dans la paroi du tube, il circule dans la première bobine, et le mécanisme agit dans le sens voulu pour faire descendre le thermomètre entier. Le fil positif correspondant à la pointe supérieure, qui, dans l'état normal, reste hors du liquide, sert donc à enregistrer l'élévation de la température. Le fil positif de la seconde pile, dont la pointe plonge ordinairement dans le mercure, est destiné à enregistrer l'abaissement de la température. Il communique à travers le liquide avec le fil négatif de la même pile; en outre, les deux pôles de cette pile sont en rapport avec la seconde bobine; tant que la température reste stationnaire, le courant circule donc à la fois dans la branche du second circuit qui est fermée par le mercure du thermomètre, et dans celle qui comprend la seconde bobine ; mais M. Montigny suppose que dans cette dernière il est trop faible pour animer l'électro-aimant tant que la première branche reste fermée. Il faut que le mercure tombe et découvre la pointe du second fil, interrompant ainsi le courant de la première branche, pour que le courant de la seconde branche acquière l'intensité nécessaire au jeu de l'électro-aimant. Ce dernier ne fonctionnera donc que lorsque la température s'abaissera. Mais nous n'avons pas besoin de dire qu'un instrument dont le jeu dépend de tant d'hypothèses n'est rien moins qu'approprié à l'usage pratique. Il eût été infiniment plus simple d'employer un relais, comme le fait M. Regnard.

Le barographe que M. Hardy a construit en 1858 pour l'observatoire météorologique de la Havane est un baromètre à cadran ordinaire, dans lequel un flotteur attaché à un fil fait tourner l'axe d'une poulie. Ce flotteur est équilibré par une règle en aluminium suspendue à un second fil qui s'enroule sur la circonférence de la poulie; les mouvements de la règle amplifient donc les oscillations du flotteur. La règle est munie d'un style qui fait une marque sur un cylindre tournant toutes les fois qu'un marteau le pousse en avant; on n'obtient ainsi qu'un tracé discontinu, mais l'on évite le frottement du style sur le papier, qui pourrait neutraliser la faible impulsion communiquée par le frotteur. L'horloge qui fait tourner le cylindre ferme toutes les minutes les circuits de deux électro-aimants dont le premier produit les coups de marteau sur la règle, pendant que l'autre donne de petites secousses au tube du baromètre, comme on le fait toujours avant d'observer, pour détacher le mercure des parois.

Tout cela pourrait aussi bien s'obtenir sans le secours de l'électricité, et l'on a alors les barographes de Wren, Changeux, Blackadder, Kreil, Krecke, Stampfer. Schultze, etc. Dans celui de Changeux, la tige du flotteur porte simplement un crayon qu'un mécanisme d'horlogerie pousse à des intervalles déterminés contre la surface d'un cylindre tournant. Dans le barographe de Schultze, le flotteur fait tourner une roue munie d'une aiguille, à l'extrémité de laquelle est fixé un style; le mouvement d'horlogerie, qui fait descendre en face de cette aiguille un tableau vertical, la pousse toutes les cinq minutes contre le tableau, de sorte qu'elle y marque l'état du baromètre. En outre, la roue est formée de deux métaux qui se dilatent inégalement; il en résulte que la dilatation de la roue fait reculer l'aiguille d'une quantité égale à celle dont la dilatation du mercure la fait avancer; l'influence de la température est donc compensée. Mais l'on peut douter que la roue s'échauffe et se refroidisse toujours en même temps que le baromètre. J.-H. Muller a imaginé également une disposition mécanique propre à corriger l'influence de la température sur l'état du baromètre, mais je ne sais si elle a quelque analogie avec celle que l'on doit à M. Schultze (1).

Les appareils enregistreurs de M. Hipp (on en a construit en 1861 pour la station météorologique de Berne) sont fondés sur le principe du chronographe de Locke. Une pendule électrique produit, à des intervalles déterminés, deux marques sur une bande de papier qui se déroule d'une manière uniforme : l'une, qui sert de repère, correspond à l'état moyen de l'instrument; l'autre en représente l'état variable. A cet effet, la seconde marque est produite par un style fixé à une aiguille indicatrice, et la première par une pointe fixée à un cadre dans lequel cette aiguille se meut librement. Le marteau électrique, lorsqu'il frappe sur ce cadre, pousse les deux crayons contre le papier. Pour la température, M. Hipp emploie un thermomètre métallique de Breguet; pour la pression, il faisait d'abord usage d'un baromètre anéroïde, mais on l'a remplacé par un baromètre à balance, à tube de verre, dont la chambre a un diamètre intérieur de 32 millimètres, celui du tube étant de 6 millimètres; la cuvette a la forme d'un parallélépipède. La température et la pression s'enregistrent toutes les douze minutes (cinq fois par heure). Un anémomètre et un ombromètre enregistrent les vents et la pluie quatre fois par jour à l'aide d'une disposition analogue.

M. Dahlander a proposé un système différent. Il obtient un tracé discontinu au moyen d'un peigne métallique posé en travers du papier, comme dans le télégraphe électro-chimique de Bonelli. Les dents du peigne sont isolées; chacune correspond à une autre indication de l'instrument météorologique. Nous verrons plus loin que cette disposition est déjà employée dans l'anémomètre de M. Du Moncel, et que l'idée des crayons rangés en file et fonctionnant alternativement date du siècle dernier.

____

(1) *Annales de Gilbert*, **IV**, 23. La Bibliothèque impériale ne possède cette collection qu'à partir du volume **XXXI**.

Il s'agit donc de mettre les dents du peigne en rapport électrique avec les différents points de l'échelle d'un instrument météorologique, et de faire en sorte que le courant traverse toujours la dent affectée à la division où se trouve l'index mobile. A cet effet, M. Dahlander réunit les fils qui correspondent aux dents du peigne en un câble creux, qui pénètre dans le tube d'un baromètre à siphon ; les bouts libres des fils sont disposés en hélice, et le mercure les recouvre l'un après l'autre lorsqu'il monte ; toutes les dents qui sont en rapport avec les fils immergés tracent une portée sur le papier électro chimique. Un autre moyen proposé par le même auteur consiste à employer un baromètre anéroïde dont l'aiguille se promène sur une graduation en mosaïque d'ivoire et d'argent.

Le barographe que M. Hough a fait construire en 1863, pour l'observatoire Dudley (Albany, État de New-York), fournit à la fois une courbe continue et une impression périodique en chiffres. C'est une combinaison analogue à celles de MM. Regnard et Montigny, mais que M. Hough a le tort de donner comme entièrement de lui (1). Un flotteur installé dans la branche ouverte d'un baromètre à siphon porte un disque de platine, qui reste toujours entre les pointes de deux vis de contact reliées aux fils positifs de deux électro-aimants ; suivant que le flotteur monte ou descend, le disque touche la pointe supérieure ou la pointe inférieure, et le courant s'établit dans l'un ou dans l'autre des deux électro-aimants. Ces derniers communiquent directement avec le pôle négatif de la pile, et indirectement par l'intermédiaire du disque avec le pôle positif. La communication entre le disque et le pôle positif de la pile a lieu, on ne sait trop pourquoi, à travers le mercure du baromètre, au lieu d'être établie par un fil libre en dehors du tube, comme dans les appareils de M. Montigny.

Les deux électro-aimants servent à embrayer ou à dégager deux roues à chevilles, qui tournent sous l'influence d'un mécanisme moteur et qui agissent en sens contraires sur une roue écrou. Cette dernière est traversée par une vis sans fin, qu'elle fait monter ou descendre, selon le sens dans lequel elle tourne. La vis agit par l'intermédiaire d'un rouage sur un crayon qui trace la courbe barométrique sur un cylindre tournant, à l'échelle de 3 millimètres par millimètre de pression.

Pour imprimer périodiquement l'état du baromètre, on a combiné trois roues de types portées sur le même axe, comme les roues des heures, des minutes et des secondes dans une montre.

La circonférence de chaque roue est garnie de dix chiffres (en types ordinaires, qui s'introduisent dans des cases ménagées dans l'épaisseur des roues) ; la première fait un tour quand le baromètre monte de 1 pouce ; ses chiffres signifient donc des dixièmes de pouce ; la seconde et la troisième tournent respectivement dix et cent fois plus vite ; leurs chiffres représentent des centièmes et des millièmes de pouce. Les trois roues amènent donc sans cesse, en regard d'une bande de papier parallèle à leur axe, trois chiffres qui expriment l'état du baromètre en fractions de pouce. La bande de papier est entraînée par l'horloge, qui fait mouvoir le cylindre déjà mentionné, et le même mécanisme soulève une fois par heure un marteau qui imprime les trois chiffres sur le papier.

Le baromètre de M. Hough est d'ailleurs compensé. J'ai déjà dit plus haut que le niveau inférieur d'un baromètre à siphon devient indépendant de la température lorsque la dilatation apparente du mercure qu'il renferme est égale à la dilatation vraie de la colonne barométrique, ce qui donne l'équation de condition

$$(y - 3e)\, \mathrm{M} = q\,\beta\,\mathrm{C},$$

ou bien

$$\mathrm{M} = 1.16\,\beta\,\mathrm{C},$$

en désignant par C la section de la chambre barométrique. Pour $\beta = 76^{cm}$, nous avons $\mathrm{M} = 88^{cm}.\mathrm{C}$ environ ; on peut corriger le volume calculé M par un tâtonnement facile. M. Hough s'est trompé en disant que cette équation n'a lieu que lorsque les surfaces des deux niveaux sont égales ; elle exprime d'une manière générale la condition de la compensation. Le volume M doit être celui d'une colonne ayant C pour base, et une hauteur de

---

(1) ..... *This method of recording meteorological phenomena is new and totolly different from any now in use.....* (*Annals of the Dudley Observatory*, vol. 1. — Albany, 1866. — p. 93.)

88 centimètres (ou plutôt de $\dfrac{q}{q-3e}$ β centimètres, pour parler plus généralement). Si le calibre intérieur de la chambre barométrique était de 1 centimètre, on aurait C = 79 millimètres carrés, et M = 70 centimètres cubes ; il faudrait donc verser dans le baromètre environ 940 grammes de mercure. Pour un calibre double, il en faudrait quatre fois autant, et ainsi de suite ; la quantité M est proportionnelle à la surface C.

Si le tube avait une section uniforme égale à C, le volume M qui compenserait le baromètre y formerait une colonne de 88 centimètres, et en retranchant 76 centimètres pour la différence des niveaux il resterait 12 centimètres pour remplir le tube de communication jusqu'au niveau inférieur. Ce serait peut-être assez pour *faire face* aux variations de la pression atmosphérique, car elles ne se traduiraient que par des changements de $^1/_2$ millimètre par millimètre de pression dans chacune des deux branches. Mais il vaudra mieux terminer le tube par une chambre renflée, ce qui permettra d'avoir une colonne plus longue au-dessous du niveau inférieur. J'appellerai C la section de la chambre, E celle de la branche ouverte, S celle du tube de communication, K la longueur de ce tube, H et P la hauteur du mercure dans la chambre et dans la branche ouverte ; alors

$$M = CH + EP + KS.$$

Si nous supposons H = P à la pression moyenne de 76 centimètres, la distance verticale des deux extrémités du tube de communication devra être de 76 centimètres ; il sera donc commode de faire sa longueur totale K égale à 88 centimètres, de sorte que l'équation de condition deviendra

$$P\,(C + E) = 88^{cm}\,(C - S).$$

Une variation de m millimètres dans la pression atmosphérique fera monter le mercure de h millimètres dans la chambre, pendant qu'il tombera de p millimètres dans la branche ouverte, donc $h + p = m$, et $Ch = Ep$, d'où

$$h = \frac{E\,m}{C + E} = \frac{E}{C}\,p,$$
$$p = \frac{C\,m}{C + E}.$$

Pour C = E on aurait $h = p = {}^1/_2$ millimètre ; mais quand les deux surfaces sont très-différentes, le niveau change à peine dans la branche large, tandis que dans la branche étroite il varie de près de 1 millimètre quand la pression barométrique subit une variation de 1 millimètre. Au reste, on voit que les changements de niveau sont toujours *proportionnels* à la variation barométrique, sauf la correction due à la température et l'influence des inégalités de calibrage. Dans un baromètre compensé, où le niveau inférieur est indépendant de la température, ces perturbations disparaissent, et les variations de ce niveau sont rigoureusement proportionnelles aux variations du baromètre, pourvu que la chambre supérieure soit bien calibrée. Je ne vois donc pas où M. Hough prend son *error due to capacity of cistern*, qui l'empêche d'employer une chambre renflée d'un diamètre plus grand que celui de la branche ouverte, afin d'avoir dans cette dernière un changement de niveau plus considérable. Je ne vois pas non plus pourquoi un baromètre à surfaces inégales ne pourrait pas être compensé comme celui dans lequel on fait C = E.

En prenant pour le rapport S : C différentes valeurs, et en considérant que

$$P = 88^{cm} \cdot \frac{C - S}{C} \cdot \frac{p}{m},$$

on trouve :

		Avec E = C.		Avec E = S.	
Pour S = 0.25 C,	P = $0^m.66 \times \dfrac{p}{m}$,	donc P = $0^m.33$, $\dfrac{p}{m} = \dfrac{1}{2}$ ...		P = 0^m53, $\dfrac{p}{m} = 0.80$	
0.5	0.44	0.22	»	0.29	0.67
0.6	0.35	0.18	»	0.22	0.63
0.7	0.26	0.13	»	0.15	0.60
0.8	0.18	0.09	»	0.10	0.56
0.9	0.09	0.05	»	0.05	0.53
1.0	0.00	0.00	»	0.00	0.50

Dans le baromètre de M. Regnard on peut supposer le volume CH égal à celui qui est déplacé par piston ; alors, en admettant que le piston plonge dans la branche ouverte (on peut supprimer le réservoir auxiliaire), l'équation de condition devient :

$$EP = 88^{cm} (C - S);$$

Pour $E = C$, on aurait $P = 88^{cm} \dfrac{C - S}{C}$, et les valeurs de P se prendraient dans la seconde colonne du tableau ci-dessus. La branche ouverte, dans laquelle plonge le piston, pourrait d'ailleurs se prolonger en bas, *au-dessous* du tube de communication, P serait toujours la profondeur *totale* de cette branche.

Le mode d'impression et d'enregistrement de M. Hough pourrait s'appliquer à tous les instruments météorologiques. M. Hough propose, par exemple, d'insérer dans le fond d'un ombromètre l'une des branches d'un tube en U, rempli de mercure ; dans l'autre branche, il y aurait un flotteur qui fonctionnerait comme celui du baromètre, l'eau de pluie agissant ici comme les variations de la pression atmosphérique.

Le barographe exposé par M. Breguet (classe LXIV, *Télégraphie*) enregistre d'une manière continue les indications d'un baromètre anéroïde, formé par la superposition de quatre boîtes métalliques B (Fig. 11) à surfaces ondulées, dans lesquelles on a fait le vide. Le levier indicateur *l* est muni d'une pointe flexible qui trace sur un cylindre C entraîné par un mouvement d'horlogerie, et qui fait un tour en une semaine. Le cylindre est recouvert de

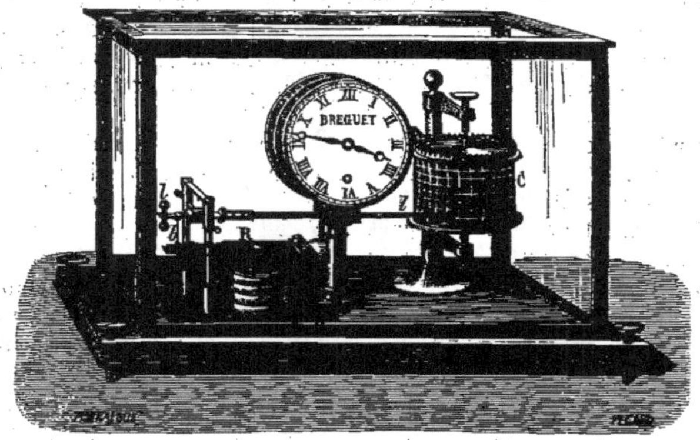

Fig. 11. — Barographe de Breguet.

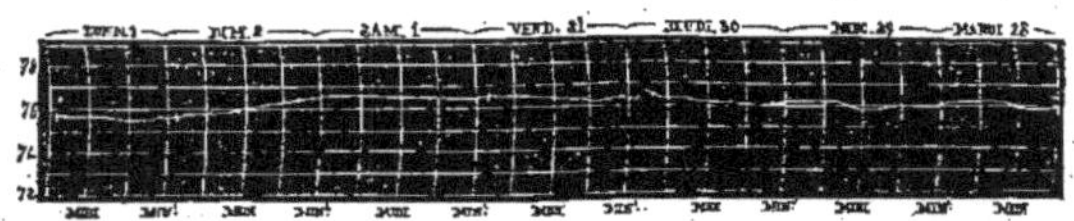

Fig. 12. — Tracé du barographe.

papier glacé sur lequel on a déposé une couche de noir de fumée. Le thermographe de M. Breguet enregistre toutes les cinq minutes la température donnée par une spirale à trois métaux. La spirale porte une aiguille horizontale munie d'un encrier qui contient de l'encre grasse ; une cheville qui le traverse est abaissée périodiquement par un rouage d'horlogerie sur un cadran mobile, entraîné par le même rouage. La figure 12 représente un tracé obtenu de cette manière.

M. Hipp, de Neuchâtel, a également exposé un barographe anéroïde et un thermographe formé d'une spirale de deux métaux. L'enregistrement se fait d'après le système que nous avons déjà décrit plus haut, sur une bande de papier qui se dévide. Un thermographe d'une construction analogue a été aussi exposé par M. Léopolder, de Vienne. Les appareils de ce genre sont si commodes qu'on finira probablement par les préférer à tous les autres systèmes, lorsqu'il s'agit d'enregistrement automatique.

A l'observatoire de Munich, M. Lamont avait établi des appareils automatiques dès 1837 ; mais ce n'étaient d'abord que des baromètres et des thermomètres qui se bouchaient ou se couchaient à heure fixe, de sorte qu'au bout de douze heures on pouvait aller cueillir douze lectures horaires sur une gerbe de douze instruments pour ainsi dire pétrifiés. Vers 1838, M. Lamont employait aussi un thermomètre formé d'un fil métallique de 8 mètres qui faisait avancer ou reculer une règle horizontale munie de douze graduations ; à heure fixe, une horloge déposait un index sur une des graduations, et au bout de douze heures on faisait la lecture de l'instrument. Depuis 1846, M. Lamont emploie de véritables enregistreurs, dans lesquels des pointes métalliques, portées par des leviers, marquent les variations horaires des différents instruments sur des cylindres d'étain enduits d'un mélange de cire et de noir de fumée. Une fois par semaine, on fait le relevé des tracés, et l'on revernit les cylindres. Le thermographe est formé d'un tube de zinc dont l'extrémité appuie sur un levier. Le barographe est un baromètre à siphon muni d'un flotteur qui a la forme d'une demi-sphère creuse, dans laquelle pénètre le mercure. Un hygromètre à cheveu est transformé en hygrographe par une disposition analogue à celle du barographe et du thermographe.

On voit que les moyens dont on peut faire usage pour enregistrer la température et la pression atmosphérique sont extrêmement variés ; je n'ai encore décrit que les plus connus.

J'arrive aux appareils *anémographiques* destinés à enregistrer la force et la direction du vent. On en a inventé un grand nombre, mais pas un n'est devenu populaire Les appareils se compliquent surtout lorsqu'on veut enregistrer les deux données à la fois ; il faut donc commencer par les diviser en plusieurs catégories, dont nous examinerons ensuite les combinaisons.

Pour observer la direction du vent, on avait de temps immémorial la girouette. Mais la girouette est un pendule qui oscille sous la moindre impulsion. Parrot imagina d'en diminuer la mobilité en la composant de deux feuilles de tôle écartées d'un angle de 45 degrés et d'une troisième feuille faisant avec les deux premières des angles égaux : la section horizontale de ce système ressemble à un Y. Benzenberg superposa à la girouette ordinaire une lame mobile autour d'un axe horizontal, qui devait indiquer l'inclinaison des courants d'air par rapport à l'horizon. M. Piazzi-Smyth (ou plutôt Osler, à en croire M. Beckley) imagina le moulinet-girouette (en anglais *fan* et *windmill-governor*). Deux grandes roues à ailes sont calées

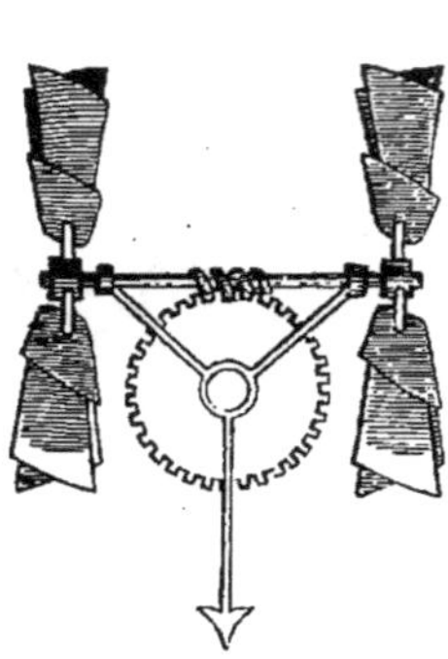

FIG. 13. — Moulinet-girouette.

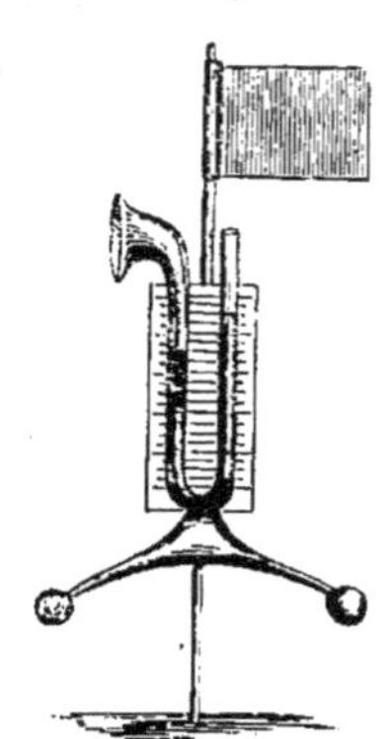

FIG. 14. — Anémomètre de Lind.

sur un arbre horizontal qui peut se placer perpendiculairement à la direction du vent. Quand il a cette position, les roues ne tournent pas, car le vent frappe alors sur le tranchant des palettes ; mais quand l'arbre fait un autre angle avec la direction du vent, les roues se mettent à tourner et font aussi tourner l'arbre dans ses coussinets. Ces coussinets alors se déplacent autour d'un axe vertical par l'effet d'une vis sans fin taillée sur l'arbre et qui engrène sur un cercle denté horizontal ; il en résulte que tout le système tourne autour du cercle denté, qui est fixe, jusqu'à ce que le plan des roues soit parallèle au vent. Ce moulinet, qui a plus de stabilité que la girouette ordinaire, est employé dans beaucoup d'observatoires.

Une girouette d'une forme originale se trouve décrite dans le *Journal de physique* de Rozier (décembre 1782, p. 416). Elle est mobile sur un arbre fixe qui porte une roue de champ avec laquelle engrène une roue dentée verticale, montée au talon de la girouette. Quand la girouette tourne dans un plan horizontal, une croix montée sur l'axe de la roue dentée tourne dans un plan vertical, perpendiculaire au plan de la girouette. La croix se compose d'une flèche et d'un javelot dont les quatre extrémités marquent les quatre vents principaux : le dard indique l'est, l'empenne l'ouest, la fleur de lis et le croissant qui terminent le javelot, le nord et le sud. Quand la girouette vise au nord, le javelot est vertical, la fleur de lis en haut, le croissant en bas, et la flèche, alors horizontale, marque l'est et l'ouest.

Pour connaître la vitesse du vent, ou sa force, qui est proportionnelle au carré de la vitesse, on emploie les instruments les plus divers. Les *anémomètres de pression* donnent directement la force du vent : ce sont des plaques mobiles autour d'un axe horizontal, sorte d'abattants que le vent soulève (Pickering 1744, Oertel, Herrmann, Dalberg, Demenge, Hugh Hamel, G.-G. Schmidt, Kreil, Taupenot) ; des ressorts qu'il comprime (Bouguer, Nollet, Zeiher, Regnier, se propose de continuer les expériences qu'il a faites à ce sujet et d'en publier en temps et lieu le résultat, mais il ne paraît pas qu'il ait exécuté son dessein. Son appareil existe encore au Conservatoire des arts et métiers.

Pour enregistrer la direction du vent, deux autres cylindres déroulent une seconde bande de papier, plus large que la première, en face de 32 pointes disposées en hélice autour d'un arbre vertical qui porte la girouette. Quand l'arbre tourne, c'est toujours un autre crayon qui vient se placer en regard du papier pour y laisser sa trace aussi longtemps que la girouette reste immobile. La hauteur verticale du trait indique la direction du vent ; c'est l'ordonnée d'une courbe dont le temps est l'abscisse. Le papier employé à cette fin est du papier ordinaire un peu fort, préparé par le procédé de Winslow, c'est-à-dire frotté avec de la corne de cerf calcinée ; les pointes métalliques y produisent une trace grise. Ce système avait été adopté par Magellan pour son « météorographe perpétuel. »

Dans le météorographe de Berne, construit de 1861 à 1864 par M. Hasler, d'après les plans de M. Wild, la direction du vent est également enregistrée par une girouette qui commande un cylindre garni de chevilles (huit chevilles pour les huit vents principaux). En regard de ces chevilles sont huit ressorts munis de pointes, et il y a toujours au moins une cheville en contact avec un ressort, et, par suite, une pointe en contact avec le papier. Si deux pointes marquent à la fois, le vent est compris entre les directions qu'elles représentent ; les chevilles sont assez larges pour qu'il puisse y en avoir deux à la fois en contact avec leurs ressorts. Toutes les dix minutes, un moteur électromagnétique soulève toutes les pointes et déplace le papier d'un cran. La vitesse du vent s'obtient par un moulinet de Robinson qui agit, par un rouage, sur un curseur mobile le long d'une tige fixe. Un déplacement du curseur égal à 1 centimètre représente 725 mètres parcourus par le vent ; c'est une échelle cinq fois plus considérable que celle de l'anémographe de Rome. Toutes les dix minutes, le moteur électromagnétique pousse la pointe du curseur contre le papier et y marque sa place, puis le ramène immédiatement au zéro de l'échelle.

Comme barographe, M. Wild emploie, ainsi que je l'ai déjà dit, un baromètre à balance ; comme thermographe, une spirale d'acier doublé de laiton. L'échelle du barographe est de $2^{mm}.3$ pour 1^{mm} de pression, celle du thermographe de $1^{mm}.65$ pour $1°$ C. M. Wild avait d'abord donné à son baromètre la forme de celui que le P. Secchi emploie à Rome ; mais, d'après une lettre qu'il m'a écrite sous la date du 26 septembre dernier, il est maintenant revenu à la forme proposée en 1831 par M. Minotto (tube cylindrique, étranglé au milieu) : la seule différence, c'est que M. Minotto termine le tube en bas par une cloche, tandis que M. Wild la termine par une sorte de flacon renversé à goulot étroit. Pour déterminer l'échelle du barographe, M. Wild procède comme il suit. Le tube et la cuvette étant en verre, on peut observer directement les hauteurs de la colonne mercurielle au moyen d'un cathétomètre. Une série de hauteurs mesurées de cette manière sont comparées aux coordonnées correspondantes de la courbe tracée par la pointe mobile ; on applique aux équations fournies par cette comparaison la méthode des moindre carrés, et l'on détermine ainsi la valeur la plus probable des constantes de l'instrument (1). Je pense que, pour cet usage, on pourrait se contenter de la formule :

$$\beta = \beta_0 + A\,\rho - \gamma\,(t - t_0),$$

dans laquelle A et γ sont deux constantes, β et β_0 les pressions actuelle et moyenne, t et t_0 les températures actuelle et moyenne, ρ l'ordonnée de la courbe du traceur. On prendrait pour A et γ des valeurs provisoires, que l'on obtiendrait au besoin par les formules que j'ai données plus haut ; ensuite on déterminerait la valeur exacte de ces coefficients par les observations, à l'aide de la méthode des moindres carrés ; car il est évident que la théorie ne pourra jamais les déterminer *a priori* avec la précision nécessaire. La théorie dans les questions de ce genre ne peut qu'indiquer la voie à suivre. C'est tout ce qu'on lui demande, et c'est assez, car elle sert alors à éviter des tâtonnements coûteux.

L'appareil de Berne est en outre pourvu d'un ombrographe construit sur un principe analogue à celui du moulinet de Robinson. C'est une roue à augets sur laquelle se déverse l'eau recueillie ; la vitesse de rotation est proportionnelle à la pluie. La roue commande une aiguille dont les excursions sont réglées de manière qu'un écart de 2 centimètres correspond à 1 millimètre de pluie. Pour enregistrer l'humidité de l'air, M. Wild emploie l'hygromètre à cheveu de Saussure, que M. Kaemtz vient de rétablir dans tous ses droits. Cet instrument est, dans tous les cas, infiniment plus simple et plus commode que le psychromètre, dont les indications ont besoin d'être calculées avant qu'on puisse les utiliser, sans compter la complication qu'un psychromètre enregistreur apporte dans la construction d'un météorographe.

C'est une illusion de croire que le psychromètre soit un instrument de précision. Les expériences de M. Regnault ont montré l'excessive variabilité de la constante A de la formule psychrométrique :

$$x = f' - A\,(t - t')\,B,$$

où x est la tension actuelle de la vapeur d'eau, f' la tension maximum correspondant à la température t' du thermomètre mouillé, t la température du thermomètre sec, B la hauteur du baromètre. Les valeurs de A, trouvées par M. Regnault, varient entre 0.0007 et 0.0013, selon les circonstances, et il faut ajouter que, dans la formule originale de M. August, le coefficient A dépend de la température t', et n'est pas le même au-dessus et au-dessous de zéro. Aussi M. Jamin, en résumant dans son *Cours de physique* les expériences de M. Regnault, termine-t-il par cette phrase : « On voit que le psychromètre est loin d'obéir à une loi aussi simple qu'on l'avait d'abord supposé ; c'est un appareil en réalité aussi empirique que l'hygromètre de Saussure, et qui exige comme lui une graduation spéciale. »

La raison principale qui s'oppose à l'emploi du psychromètre comme appareil destiné à enregistrer l'humidité de l'air, c'est *que le psychromètre n'enregistre pas l'humidité de l'air*. Il donne la différence des températures t et t' ; ce n'est qu'en la retranchant de la tension f, que l'on prend dans une table avec l'argument t', que l'on peut obtenir la tension x, et ce n'est qu'en divisant x par la tension maximum T qui correspond à la température t, que l'on trouve l'humidité relative H de l'air. Supposons que, dans une station où le baromètre se maintient en moyenne à 755^{mm}, on observe une différence de 4 degrés entre les températures :

$$-4° \text{ et } -8° ;\ 14° \text{ et } 10° ;\ 32° \text{ et } 28° ;$$

les tables de M. Hæghens donneront, dans ces trois cas :

t	t'	x	H
$-4°$	$-8°$	$0^{mm}.38$	11
$+14$	$+10$	6.75	57
$+32$	$+28$	25.61	72

la même différence de 4 degrés représentera donc successivement une humidité relative de

---

(1) Carl, *Repertorium der phys. Technik*, vol. II, livr. 4. 1867.

11 pour 100, de 57 pour 100 et de 72 pour 100, selon la valeur absolue des températures t, t'. Il s'ensuit que l'aspect des courbes psychrométriques ne peut donner qu'une idée *très-insuffisante* des variations de l'humidité, et qu'en définitive un bon hygromètre à cheveu, gradué par comparaison avec un hygromètre condensateur, est préférable pour l'enregistrement. M. Wild s'est d'ailleurs assuré, par des expériences suivies, que les indications de son hygromètre étaient suffisamment exactes pour les besoins de la pratique. Dans la lettre que j'ai déjà citée, il me dit que, d'après le résultat de nombreuses comparaisons, cet instrument paraît fournir l'humidité relative à 1 pour 100 près, ce qui est une précision plus que suffisante.

Le P. Secchi préfère le psychromètre électrique. J'ai déjà dit que cet instrument, très-compliqué et, par suite, très-facile à déranger et très-coûteux, ne donne pas directement l'humidité que l'on cherche. Il s'ensuit qu'il n'est pas vrai que les courbes tracées par le météorographe de Rome puissent être immédiatement employées, sans réduction préalable ; elles nécessitent évidemment une réduction fatigante. En outre, la colonne mercurielle dans les deux thermomètres doit s'échauffer pendant le passage du courant, et enfin l'eau qui se condense à la surface du mercure peut fermer le courant avant le contact des sondes, et rendre ainsi l'indication erronée. On voit donc que l'emploi du psychromètre enregistreur ne saurait être conseillé aux météorologistes.

Pour avoir encore une idée approximative de l'état du ciel, M. Wild emploie le thermographe métallique exposé librement aux rayons solaires et à la radiation nocturne; la comparaison de ses courbes avec celles du thermographe abrité a fait reconnaître des différences très-caractéristiques.

Les mouvements des aiguilles de tous ces instruments sont enregistrés d'après le système de M. Hipp, et les courbes forment des séries de petits trous espacés de dix en dix minutes. M. Wild emploie à cet effet une pile de douze éléments charbon et zinc, à un seul liquide, que l'on abandonne à elle-même pendant six mois.

En 1865, M. Wild a fait construire un météorographe universel où tous ces appareils sont réunis de manière à tracer leurs indications sur une même bande de papier large de 60 centimètres et longue de 120 mètres, sur laquelle sont déjà imprimées les diverses échelles, et qui *sert pour toute une année*. Le modèle de cet appareil a été exposé par M. Hasler dans la section suisse des machines. Mais l'appareil de Berne est mal placé, il manque d'élégance ; la foule ne stationne pas devant cette curiosité purement *scientifique*; aussi la commission ne lui a-t-elle accordé qu'une médaille d'argent.

Depuis 1864, les courbes du météorographe de Berne sont utilisées comme il suit. Le premier de chaque mois, on fait vendange. On coupe la bande de papier que les crayons des enregistreurs ont couverte d'hiéroglyphes. On vérifie les marques des heures et le nombre des points. On relève les courbes à l'aide d'un planimètre afin d'avoir les moyennes diurnes, on note les extrêmes de la température et du baromètre, on inscrit les directions et les vitesses moyennes des vents, les pluies, etc., etc., et tous ces résultats sont publiés à la fin de l'année. M. Wild vient d'obtenir, en outre, les fonds pour la construction d'un météorographe qui sera installé, l'année prochaine, au sommet du Schreckhorn, à 4080 mètres au-dessus du niveau de la mer, et qu'on pourra abandonner à lui-même pendant toute une année.

Le météorographe universel, tel qu'il est construit dans l'atelier des télégraphes de MM. Hasler et Escher (à Berne), se vend 2,100 fr.; le barographe seul revient à 380 fr., l'anémographe à 920, le thermographe à 260 fr., etc. Je ne sais pas si la pendule électrique (225 fr.) et la pile (144 fr.) sont comprises dans le prix de 2,100 fr. Le prix d'un météorographe du P. Secchi varie comme il suit (d'après le prospectus qui a été publié) : météorographe de luxe, 18,000 fr.; météorographe simple, 10,000 fr.; météorographe encore plus simple, 3,000 fr. On m'écrit de Rome que l'Observatoire de Madrid a acheté, il y a deux ou trois ans, pour 10,000 fr., un météorographe construit sous la direction du P. Secchi; mais dans les publications de l'Observatoire de Madrid, il n'en est pas question; faudra-t-il en conclure que l'appareil ne fonctionne pas?

Pour en revenir à nos anémomètres, on ne peut s'empêcher de remarquer l'analogie frappante de l'appareil d'Ons-en-Bray avec celui de M. Beckley, qui fonctionne à l'observatoire de Kew (1), et dont MM. Beck ont exposé un modèle (section anglaise, instruments de physique). M. Beckley remplace les trente-deux pointes par un pas de vis *entier*, qui fait le tour d'un cylindre commandé par un moulinet-girouette; ce pas de vis, ou cette hélice en relief, appuie toujours par un seul point sur une bande de papier métallique où le contact produit une marque noire. On obtient ainsi la courbe des directions successives du vent. La bande de papier est d'ailleurs enroulée sur un seul cylindre qu'un mouvement d'horlogerie fait tourner d'une manière uniforme. Sur la même bande, un second cylindre, qui porte également ment un pas de vis en bosse, imprime la vitesse du vent. Il est commandé par un moulinet-anémomètre dont il suit la rotation, mais en la ralentissant; la quantité dont il tourne représente, à une échelle réduite, le chemin parcouru par le vent. Or, à chaque angle de rotation, correspond un autre point de l'hélice qui se présentera en face du papier métallique;

la hauteur du point de contact, comptée à partir de la base du cylindre, mesure en quelque sorte l'angle de rotation, et, par suite, le chemin parcouru par le vent. Ce chemin est donc enregistré comme ordonnée d'une courbe sur la bande de papier qui se déplace lentement; quand le pas de vis a fait un tour complet, la courbe s'interrompt et recommence au bas du papier. Ici, c'est donc la longueur du chemin parcouru par le vent dans un temps donné qui se lit sur le papier; on en déduit la vitesse en prenant les différences des ordonnées équidistantes.

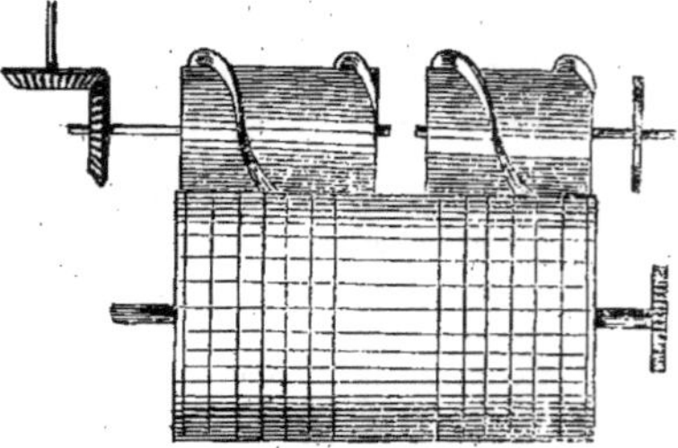

Fig. 15. — Anémographe de Kew.

M. Beckley avait d'abord imaginé un autre système : le chemin du vent était enregistré par une double crémaillère oscillante que le moulinet anémomètre faisait avancer et reculer;

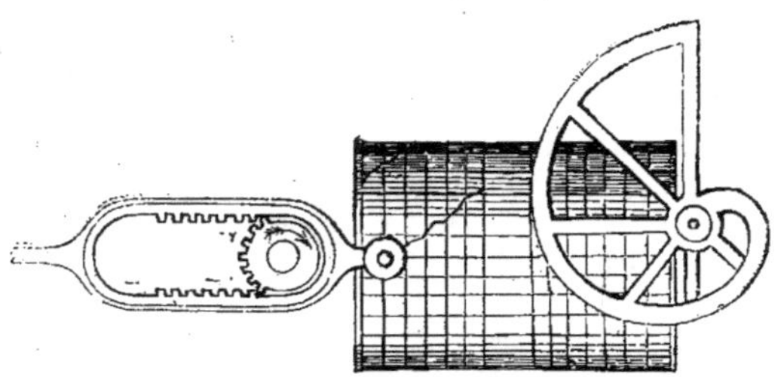

Fig. 16. — Ancien anémographe de M. Beckley.

ler; la direction était marquée sur le papier métallique par la tranche d'une spirale d'Archimède, relevée en bosse sur un disque. La girouette faisait tourner ce disque dans son plan, parallèle à l'axe du cylindre qui portait le papier métallique; mais le contact de la spirale avec le cylindre était moins subtil que celui de l'hélice avec le cylindre.

L'anémomètre que Pélisson fit construire par l'horloger Droz, en 1790, était un moulinet vertical porté par une girouette; après cent tours, il dégageait le marteau d'une sonnerie, et il fallait compter le nombre des coups frappés dans un temps donné. L'appareil de Schober était d'une construction tout à fait analogue. Woltmann (1790) employait, pour mesurer la vitesse des courants d'air ou celle des cours d'eau, un moulinet vertical combiné avec un compteur dont l'aiguille marquait sur un cadran le nombre de tours accomplis pendant un temps observé à la montre. Cet appareil a été perfectionné par M. Combes (1837) et par M. Morin; il sert de base à l'*anémomètre à main* de MM. Morin et Bianchi.

Un moulinet vertical, orienté par une girouette, se trouve encore employé dans l'anémo-

---

(1) *British Associat. Report for* 1858. — Londres, 1859.

graphe de Whewell (1837). Sa rotation se transmet à une vis sans fin qui fait descendre un crayon le long d'un cylindre vertical fixé au-dessous de la girouette; ce système tourne autour du cylindre quand la girouette change de position. Le crayon dessine donc sur le cylindre une courbe dont les abscisses, parallèles à l'axe du cylindre, figurent le chemin parcouru par le vent, pendant que les ordonnées représentent les directions d'où il a soufflé; mais il faut noter le temps à part. Cet appareil donne le déplacement total des masses d'air dans l'intervalle de deux observations, ou ce que Whewell appelle *the integral effect*.

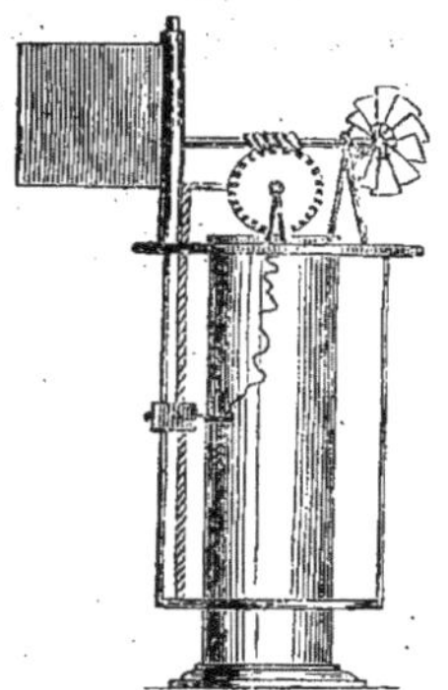

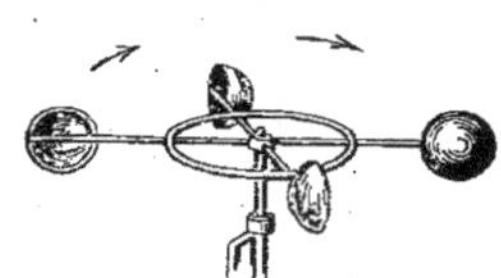

Fig. 17. — Anémographe de Whewell.   Fig. 18. — Moulinet de Robinson.

Le moulinet horizontal de Robinson a sur les roues à ailettes verticales l'avantage d'être indépendant de la girouette. C'est un tourniquet formé de deux bras en croix qui se terminent par quatre tasses ou calottes hémisphériques tournées toutes dans le même sens, comme dans le *moulin à la polonaise*. Le vent souffle dans le creux d'une calotte pendant qu'il glisse sur la convexité de celle qui est fixée à l'autre extrémité du même bras, le moulinet tourne donc toujours dans le même sens. M. Robinson a trouvé par l'expérience que la vitesse des hémisphères, comptée sur la circonférence qu'ils décrivent, est *un tiers de la vitesse du vent*. Ainsi, quand la longueur des bras est un peu plus de 1 mètre, ce qui donne une circonférence de $3^m 3$, un tour du moulinet correspond à une vitesse du vent égale à 10 mètres. C'est cette proportion que le P. Secchi a adoptée pour le moulinet de son météorographe. Le moulinet de Robinson est beaucoup employé en Angleterre; c'est certainement le plus commode de tous les anémomètres.

Un système assez plaisant est celui qui a été proposé par Foster pour reconnaître la direction des courants d'air faibles : il consiste à exposer à l'air une boîte à six pans recouverts de papier buvard humecté; celui qui séchera le plus vite indiquera la direction du courant. C'est le doigt mouillé que les chasseurs mettent en l'air pour reconnaître la direction d'un courant faible par le froid qu'il cause. Sir David Brewster patronne ce système, il le complique de six thermomètres à minima.

Je mentionnerai encore ici l'anémomètre de Robert Adie, qui appartient à la catégorie des anémomètres de pression. C'est un entonnoir-girouette qui communique par un tube recourbé sous l'eau avec l'intérieur d'une cloche suspendue à une poulie et équilibrée par un contre-poids. Quand le vent s'engouffre dans l'entonnoir, il comprime l'air dans la cloche, celle-ci est soulevée, l'axe de la poulie tourne, et le fil du contre-poids, qui est enroulé sur un fuseau, se déplace sur ce dernier de manière à diminuer le moment du contre-poids; l'équilibre se rétablit ainsi. Deux aiguilles que la poulie fait tourner sur un cadran y marquent le minimum et le maximum de la pression à l'aide de deux index volants. Il paraît que cet appareil est très-sensible.

Il me reste à parler des différents moyens qui ont été proposés pour enregistrer la direction et la force du vent, en dehors de ceux que je viens de décrire. La direction peut être facilement enregistrée sur un disque par un crayon qui tourne avec la girouette installée au centre ; c'est le système de Traill (1830). On le compléterait en donnant au crayon un mouvement uniforme dirigé de la circonférence au centre ; la distance au centre indiquerait alors le temps. On peut aussi lier le disque à la girouette, et faire marcher le crayon le long d'un diamètre fixe ; c'est l'anémoscope que M. Marié-Davy a fait construire pour l'observatoire de Paris. Le cylindre de Whewell remplace le disque avec avantage, car il donne un tracé uniforme et développable.

Landriani fit construire pour l'observatoire de Milan un anémographe qui enregistrait la direction du vent par huit crayons verticaux, rangés en file au-dessus d'un disque horizontal qui faisait un tour en douze heures. Le disque était en verre dépoli ; les crayons étaient

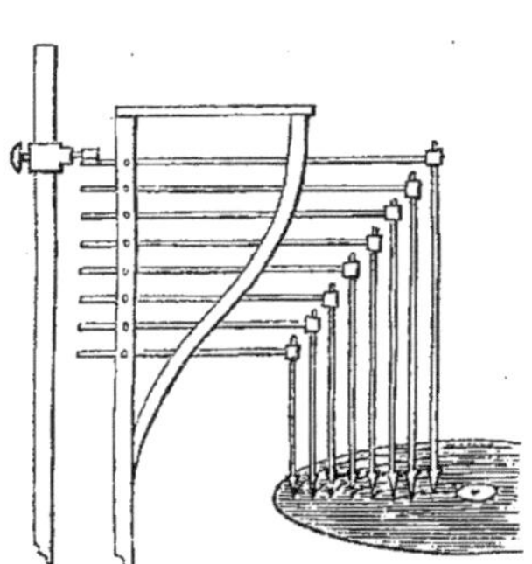

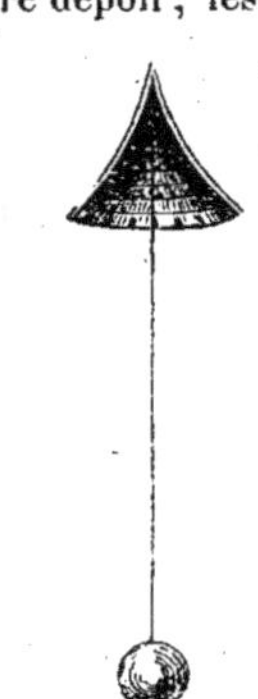

Fig. 19. — Anémographe de Landriani.   Fig. 20. — Anémomètre Wheatstone.

disposés de la circonférence au centre et traçaient huit cercles concentriques correspondant aux huit points principaux de l'horizon. Quand le vent soufflait dans l'une de ces directions, le crayon correspondant était soulevé et son tracé interrompu. Cela s'obtenait par huit secteurs de 45°, disposés en hélice autour de l'arbre vertical de la girouette, et pouvant rencontrer huit clefs ou leviers coudés qui portaient les crayons. Parrot avait fait construire un appareil semblable avec seize clefs. On remarquera l'analogie de cette rangée de crayons avec les peignes métalliques de MM. Bonelli, du Moncel et Dahlander.

L'anémomètre de Forbes repose sur un principe différent. Un moulinet horizontal fait tourner un disque percé d'un trou au-dessus d'un disque fixe également percé. Les disques forment le fond d'une boîte remplie de billes, et quand les deux orifices se superposent, une bille passe et tombe d'une hauteur d'environ 1 mètre sur un grand plateau circulaire partagé en secteurs et en bandes concentriques par des rainures diamétrales et circulaires. S'il n'y avait pas de vent, les billes tomberaient au centre ; le vent les fait dévier, et la place où elles tombent marque la direction et la force du coup de vent Cet appareil n'a aucune valeur pratique.

M. Wheatstone a communiqué à M. du Moncel une idée plus pratique. Une boule creuse est suspendue à un fil métallique sous une espèce de chapeau pointu, doublé de cercles parallèles, également en métal. Quand le vent la soulève, le fil se colle contre la paroi intérieure du toit et y adhère sur une étendue d'autant plus grande que le vent est plus fort. Si donc les cercles parallèles sont en rapport avec des fils télégraphiques, le nombre des cercles que le fil touchera indiquera la force du vent ; et si, en même temps, ils sont fractionnés, l'azimut des fractions touchées fera connaître la direction dans laquelle il souffle. La section verticale du toit se composera évidemment de deux courbes dont les convexités seront tournées du côté de l'axe de symétrie, représenté par le fil en repos. J'ai cherché l'équation de ces courbes dans l'hypothèse que la longueur de l'arc enveloppé par le fil soit proportionnelle à la force du vent, laquelle est toujours égale au poids de la boule, multiplié par la tangente de la déviation du fil. On trouve alors :

$$1 + cy = \frac{e^{cx} + e^{-cx}}{2},$$

en prenant la verticale pour axe des x ; c est une constante. L'arc de cette courbe, compté à partir du sommet, mesure la force du vent ; sur une parabole ($x^2 = ay$), elle serait mesurée par la distance verticale x du sommet au dernier point de contact du fil.

Un autre système a été indiqué par un anonyme dans le *Mechanic's Magazine* de 1827. Une girouette oriente une plaque-abattant qui, en se soulevant, agit sur un fil, lequel descend par la tige creuse de la girouette et vient s'enrouler sur une poulie. Le fil est tendu par un poids ou par un ressort, l'axe de la poulie porte une aiguille qui indique sur un cadran la force du vent. La tige de la girouette est entourée d'un cercle denté qui fait mouvoir l'axe d'une seconde aiguille. Rien n'empêcherait évidemment de faire marcher les deux aiguilles sur le même cadran. Ce système, très-simple et très-commode, est modifié par Muncke de la manière suivante : les deux aiguilles portent des crayons qui tracent sur deux tableaux fixes la direction et la force maximum du vent. L'heure qui correspond à ces indications reste inconnue.

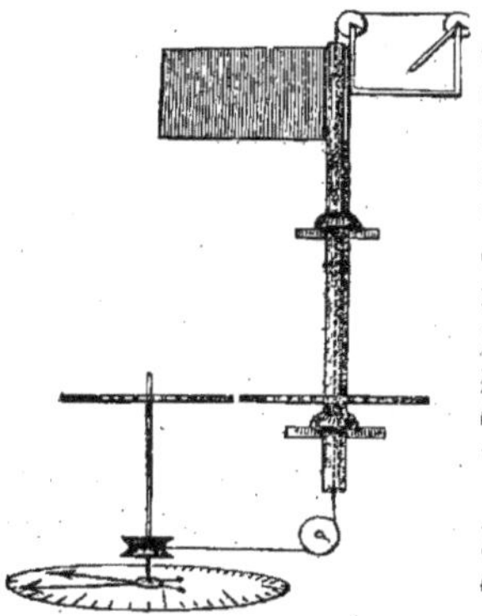

FIG. 21. — Anémomètre anonyme.

A la place de l'abattant, on peut mettre un ressort à boudin ; alors on a les anémomètres d'Osler et de Jelineck ; l'abattant est conservé dans celui de Kreil et dans l'un de ceux de M. du Moncel. Dans celui de M. Taupenot, la girouette a la forme d'un disque pouvant tourner dans son plan lorsque le vent agit sur une palette fixée au bord de ce disque et la fait dévier de sa position d'équilibre verticale ; le fil de fer qui monte ou descend dans la tige creuse quand le disque tourne, porte un index horizontal qui indique la direction du vent, puisque le système entier tourne avec la girouette ; une graduation verticale fait reconnaître la force du vent par le niveau de l'index.

Pour transformer ces anémoscopes en anémographes, où la force et la direction du vent sont enregistrées avec l'heure correspondante, on a proposé une foule de moyens.

Dans l'ancien anémographe d'Osler (1837), la girouette promène un crayon sur une bande de papier horizontale sur laquelle on a tracé des lignes parallèles indiquant les vents principaux ; la feuille se déplace d'un pouce par heure, et le crayon dessine des traits rectilignes quand la girouette est fixe, des courbes lorsqu'elle tourne. Cela donne une idée des variations du vent, mais une idée très-imparfaite puisqu'on ne peut pas connaître exacte ment l'heure qui correspond à chaque direction, le centre de rotation du porte-crayon se déplaçant à chaque instant sur le papier. La force du vent est enregistrée sur la même feuille par un second crayon qu'un fil tire perpendiculairement au mouvement de translation du papier, quand le vent comprime un ressort orienté par la girouette. M. Taupenot enregistre la direction du vent de la même manière, mais la force est consignée à part sur un cylindre tournant, ce qui est une compli cation bien inutile. Cet appareil est établi au prytanée de La Flèche.

Dans le premier anémographe que M. Wild avait fait construire en 1861 pour la station météorologique de Berne, on avait au contraire simplifié le système d'Osler en faisant agir le fil directement sur le crayon orienté par la girouette. Le fil était attaché à une tablette que le vent soulevait, et il rapprochait le crayon de l'axe de la girouette d'une quantité proportionnelle à la force du vent. Un moteur électromagnétique entraînait la bande de papier et la soulevait, en outre, toutes les douze minutes, de manière à l'amener au contact d'une pointe qui y marquait le centre de la tige. Cet appareil fut bientôt abandonné et remplacé par l'aménographe dont il a été question plus haut.

M. Titus Armellini veut modifier le système d'Osler de deux manières différentes :

1° Il remplace le ressort par une roue à aubes verticale, qui rappelle les mécanismes employés par Chrétien Wolf et par M. Taupenot ; cette roue est destinée à soulever un fil qui descend dans la tige et qui est tendu par un poids. Le poids plonge dans un vase rempli de mercure et logé dans l'intérieur de la tige creuse ; à mesure qu'il émerge du liquide, il devient plus lourd, et la tension du fil plus grande. La tige porte un bras horizontal muni de deux crayons, l'un fixe, l'autre mobile; ce dernier est commandé par le fil et peut se rapprocher de la tige, de sorte que la distance des deux crayons fait connaître la force du vent. Un électro-aimant fixé au-dessous de la tige agit sur le bras horizontal à des intervalles réglés par une horloge et pousse les deux crayons contre la feuille de papier que le même mécanisme extraîne horizontalement. Il est clair qu'une rotation un peu rapide de la girouette dérangera complétement les courbes des deux crayons, de manière à en rendre l'interprétation impossible.

2° M. Armellini remplace l'anémomètre de pression par un moulinet de Woltmann; la tige de la girouette porte à sa base deux bobines qui agissent sur deux porte-crayon horizontaux, de manière à faire des marques sur la feuille de papier horizontale; l'une des bobines dépend de l'horloge, l'autre du moulinet, de sorte que les marques du premier crayon indiquent le temps, celles de l'autre les tours du moulinet. La densité des points indiquerait la vitesse du vent. Mais que deviennent ces courbes quand la girouette fait un tour sur elle-même? Elles perdent alors toute signification.

Le problème si mal résolu par Osler et ses imitateurs est le suivant : enregistrer la direction du vent sur une bande de papier qui représente une surface de cylindre développée, au lieu de l'enregistrer sur une circonférence fermée, comme lorsqu'on emploie un disque ou un cylindre orienté par la girouette. La solution rationnelle consistera évidemment à transformer en un mouvement rectiligne du traceur le mouvement circulaire de la girouette, et la principale difficulté à vaincre sera celle de toujours ramener le traceur à son point de départ quand la girouette a fait un tour complet. M. du Moncel a imaginé, à cet effet, la disposition suivante. Deux poulies égales, reliées par une courroie ou par une chaîne à la Vaucanson, sont orientées par la girouette. La longueur totale du ruban est égale à trois fois la circonférence d'une poulie; il s'ensuit que ses deux parties rectilignes représentent chacune le développement d'une circonférence. Si donc la courroie porte trois crayons équidistants qu'elle promène en face d'une bande de papier d'une largeur égale à la distance des centres, il y aura toujours un crayon en scène qui tracera les directions du vent.

M. du Moncel a employé cette disposition dans l'anémographe mécanique qu'il a installé chez lui, à Lebisey, en 1855 (1). La force du vent s'obtient encore ici par une plaque mobile agissant sur un fil qui descend dans la tige de la girouette, et qui fait mouvoir un crayon suivant une ligne droite horizontale. En 1858, M. F. Osler a présenté à l'Association britannique un « anémomètre portatif » basé sur le même principe (2) Les trois crayons attachés à la chaîne de Vaucanson écrivent sur une bande de papier qui se déroule sous l'action d'un moulinet de Robinson, de sorte que la longueur déroulée est proportionnelle à la vitesse du vent. Un mouvement d'horlogerie marque sur le bord du papier des points qui représentent le temps. Il vaudrait mieux faire dérouler le papier par l'horloge, et marquer les points par le moulinet.

Un autre moyen consisterait dans l'emploi de la spirale d'Archimède, déjà essayée par M. Beckley. Les rayons vecteurs de cette spirale croissent comme les angles; lorsqu'elle tourne dans son plan autour de son pôle, les extrémités des rayons qui défilent en regard d'un point fixe, s'en rapprochent ou s'en éloignent de quantités proportionnelles à la rotation. M. Beckley prend une lame métallique qui a la forme de cette spirale et la fait orienter par la girouette. La tranche de la lame touche alors l'arête d'un cylindre recouvert de papier métallique, elle y marque la longueur des rayons que la rotation de la girouette amène sur cette arête; la direction du vent est donc représentée par la longueur de ces rayons, elle est l'ordonnée d'une courbe dont le temps est l'abscisse, et les abscisses sont marquées sur la circonférence du cylindre, qui tourne lentement autour de son axe. M. Salleron emploie la même spirale d'une autre manière. Sur la bande de papier horizontale de l'anémomètre d'Osler, il fait guider deux crayons par un excentrique en forme de cœur, composé de deux demi-tours de la spirale d'Archimède, dont l'un a plus d'épaisseur que l'autre, de sorte que l'une des moitiés du cœur offre un bord relevé. Les deux crayons peuvent marcher le

---

(1) *Revue des applications...*, p. 426. Paris, 1859.
(2) *Report of the 28th meeting...* Londres, 1859.

long d'une ligne droite passant par le centre de l'excentrique ; ils sont pressés contre les bords opposés du disque par deux ressorts. Quand la girouette oriente la double spirale, l'un des crayons est poussé en avant ou tiré en arrière, il parcourt une ligne qui représente la partie N. E. S. de la rose des vents ; l'autre crayon monte, pendant ce temps, sur le bord relevé de l'autre moitié de l'excentrique, et se trouve ainsi hors d'emploi. Après un demi-tour de la girouette, c'est le premier crayon qui monte sur le bord de l'excentrique pendant que l'autre en descend ; ce dernier trace alors, pendant le demi-tour suivant, les directions comprises dans la partie S. O. N. de la rose, mais il marche de gauche à droite si le premier a marché de droite à gauche. Une rotation complète se trouve donc enregistrée sur deux bandes parallèles, dans l'ordre suivant : | N. O. S. | N. E. S. | . Les crayons sont attachés aux extrémités de deux leviers assez longs pour que leur mouvement soit sensiblement rectiligne.

On peut encore employer dans le même but un tour d'hélice qui représente les angles de rotation par des ordonnées perpendiculaires au plan de rotation. Si l'hélice produit un tracé en s'appuyant par sa tranche sur l'arête d'un cylindre ou simplement sur une feuille de papier plane, la hauteur de la courbe représentera l'angle de rotation ; c'est le cas de l'anémographe de Kew. Les pointes en hélice de l'anémographe de d'Ons-en-Bray réalisent la même disposition d'une manière moins parfaite.

On peut enfin disposer une rangée de crayons parallèles sur une ligne droite qui embrasse la largeur de la bande de papier, et faire agir la girouette tour à tour sur l'un ou sur l'autre de ces crayons ; on obtient de cette façon un enregistrement discontinu. C'est le système employé par Parrot et Landriani. M. du Moncel l'a perfectionné par l'introduction de l'électricité (1). Il fixe huit crayons parallèles à huit leviers commandés par autant d'électro-aimants qui les pressent contre le papier tant que le courant est fermé. L'arbre de la girouette est en communication avec l'un des pôles de la pile ; il promène un frottoir à piston sur un *commutateur azimutal ;* c'est un cercle métallique partagé en huit secteurs qui sont en rapport avec les huit électro-aimants et qui correspondent aux huit vents principaux. Quand le frot-

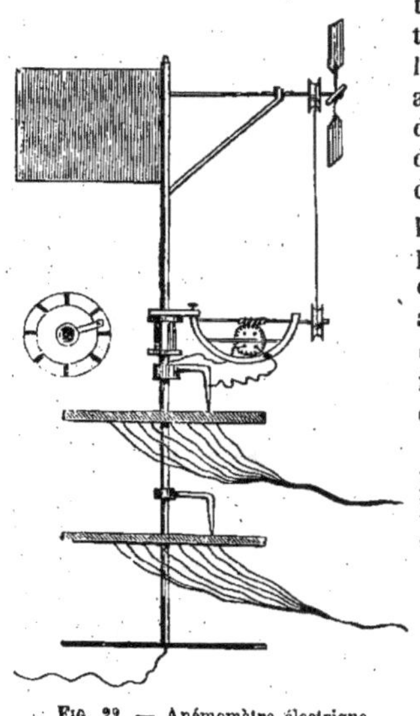

toir se trouve sur un secteur, il ferme le circuit d'un électro-aimant, et ce dernier abaisse le crayon qu'il porte sur le cylindre qui tourne lentement sous les huit électro-aimants. La longueur du tracé fait connaître le temps pendant lequel le vent est resté dans l'une des huit parties de la rose. En additionnant les portions du tracé comprises dans la même bande du cylindre, on aurait le temps total pendant lequel le même vent aurait soufflé ou le degré de persistance de ce vent. Mais M. du Moncel charge huit compteurs de faire ce relevé. Sous chacun des huit électro-aimants, il installe une minuterie dont l'aiguille ne marche que lorsque le courant circule dans la bobine ; cette aiguille indique par conséquent le temps pendant lequel le vent correspondant a soufflé.

Pour enregistrer la vitesse du vent, M. du Moncel emploie un moulinet de Woltmann, orienté par la girouette. Le moulinet agit sur une roue de 60 dents, armée sur l'une de ses faces de quatre chevilles, sur l'autre d'un butoir en platine. Quand le moulinet a fait 60 tours, le butoir de la roue rencontre un ressort fixé à une bague isolée que porte l'arbre de la girouette. Cette bague étant reliée par un fil à un neuvième électro-aimant, le circuit de cet électro-aimant se trouve momentanément fermé, et un crayon fait une marque sur le bord du papier. En comptant le nombre des marques comprises dans une longueur donné

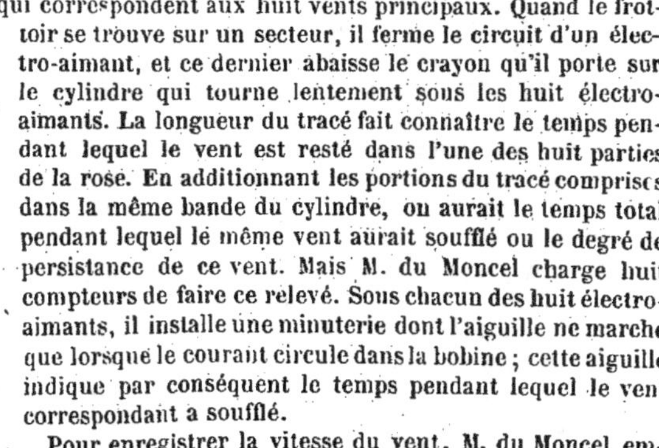

de papier, on sait combien de fois le moulinet a fait 60 tours dans l'intervalle de temps cor-

---

(1) *Exposé des applications.....,* t. II; Paris, 1856. L'appareil date de 1852.

4

respondant à cette longueur ; cela donne alors la vitesse moyenne du vent. Pour avoir le chemin fait par chaque vent en particulier, on n'aurait qu'à rapporter les marques de la vitesse au tracé des directions ; mais M. du Moncel obtient cette donnée d'une manière indépendante au moyen de six compteurs spéciaux, composés d'électro-aimants à une seule bobine et de roues à rochet qui portent des chiffres gravés sur leurs bords. Ces huit électro-aimants sont reliés par huit fils à un rhéotome azimutal semblable a celui auquel sont reliés les électro-aimants traceurs. La girouette y promène un second frotteur, qui est isolé de l'arbre par un manchon de bois, afin d'éviter le mélange des courants ; il communique avec le ressort que les quatre chevilles de la roue de 60 dents rencontrent quatre fois pendant 1 tour de la roue, c'est-à-dire toujours après 15 tours du moulinet. Il en résulte que tous les 15 tours le courant traverse le secteur sur lequel se trouve alors le frotteur, et que le rochet du compteur correspondant avance d'une dent. A la fin de la journée, on peut donc lire sur les compteurs le chemin total parcouru par les huit vents de la rose.

Cet anémographe exige dix-sept électro-aimants, deux commutateurs et dix-huit fils télégraphiques (que l'on peut réunir en faisceau dans un câble enfermé dans un tuyau de plomb). M. du Moncel a donc songé à économiser du fil, en construisant un anémographe à trois fils seulement pour les cas où la girouette doit être placée à une grande distance de l'enregistreur. La girouette est en rapport avec un seul commutateur azimutal qui a pour effet de la faire réagir sur deux circuits différents suivant qu'elle tourne dans un sens ou dans l'autre ; elle est reliée à la pile par le premier fil, les deux autres fils complètent les circuits de deux électro-aimants opposés. Entre les branches de ces électro-aimants peut tourner une roue à rochet, qui n'a que 8 dents ; chaque mouvement de l'armature du premier la fait avancer d'une dent de droite à gauche, chaque mouvement de l'autre d'une dent de gauche à droite. Si la girouette tourne de droite à gauche, le courant circule dans le premier électro-aimant et la roue à rochet tourne aussi de droite à gauche ; elle tourne en sens contraire si la girouette revient en arrière, ce qui la met en rapport avec le second électro-aimant. Le commutateur produit huit interruptions du courant pendant un tour complet de la girouette, et comme chaque interruption fait avancer la roue d'une dent ou d'un huitième de sa circonférence, elle reste toujours orientée d'accord avec la girouette ; c'est comme si la girouette était transportée à proximité de l'appareil enregistreur. Si la roue porte un frotteur qu'elle promène sur un commutateur azimutal ordinaire, en rapport avec une pile supplémentaire, elle pourra régler le jeu de huit électro-aimants, alimentés par cette pile, et tout pourra être disposé comme dans l'appareil précédent.

M. Salleron a perfectionné cet anémographe en substituant les roues directrices de Piazzi-Smyth et le tourniquet de Robinson à la girouette et au moulinet de Woltmann. Il supprime les électro-aimants et les compteurs ; le tracé est obtenu par un peigne à neuf dents qui restent constamment appuyées sur le cylindre, lequel est en métal et recouvert de papier chimique au cyanoferrure de potassium ; quand le courant passe dans une pointe, elle produit sur le papier une trace bleue. M. Salleron a perfectionné également l'anémomètre d'Osler en renouvelant l'appareil moteur et en guidant le crayon des directions par l'excentrique dont il a été question plus haut (1).

Le P. Secchi a choisi le système de M. du Moncel pour enregistrer les directions des vents sur son anémographe ; mais il réduit le nombre des crayons à quatre, et leur fait imprimer un mouvement de va-et-vient transversal par les électro-aimants, dans lesquels un moulinet de Robinson interrompt périodiquement le courant, de sorte que la densité plus ou moins grande des traits parallèles indique la force relative du vent. En outre, le moulinet fait, pendant une heure, avancer un crayon dans le sens perpendiculaire au déplacement du papier ; quand l'heure sonne à l'horloge, un levier dégage le crayon, qui revient brusquement au zéro de la division et recommence son tracé. La longueur des traits représente le chemin que le vent a fait en une heure ; dans le météorographe de Rome, 5 millimètres équivalent à

---

(1) Dans le *Pavillon de Grignan*, l'Institut agricole de Grignan a exposé un météorographe électrique de M. Salleron, qui écrit le vent, la pluie et le baromètre.

1 mille marin (1852 mètres). On pourrait supprimer le crayon des vitesses, si les traits parallèles des quatre autres crayons étaient assez espacés pour pouvoir être comptés.

Dans le pavillon de Billancourt, M. Breguet a exposé l'anémographe de M. Hervé-Mangon, qui est encore une modification de celui de M. du Moncel. Il se compose de cinq électro-aimants trembleurs qui font des marques sur une bande de papier qu'un laminoir dévide sur une enclume à rainures longitudinales. Le premier est en rapport avec un moulinet de Robinson, les quatre autres avec la girouette et avec un ressort interrupteur qui dépend de l'horloge.

Il est évidemment indifférent que la feuille de papier offre au traceur une surface plane ou l'arête d'un cylindre, et lorsqu'elle est enroulée sur un cylindre, on peut encore obtenir une courbe plus développée en faisant avancer le cylindre sur son axe en même temps qu'il tourne; le tracé forme alors une hélice à spires plus ou moins serrées. Cet artifice, qu'on

Fig. 23. — Anémographe de M. Salleron.

emploie depuis longtemps dans les appareils vibrographiques, a été mis à profit dans l'anémographe de M. du Moncel. A la place des crayons en mine de plomb qui tracent sur du papier ordinaire, on peut faire usage de pointes métalliques, qui laissent une trace noire sur le papier au blanc de zinc, une trace bleue sur le papier chimique au ferro-cyanure de potassium, une trace brune sur le papier au nitrate de manganèse, etc. Sur une feuille de papier noircie à la lampe, une pointe flexible quelconque produit un tracé blanc que l'on peut fixer par un bain d'alcool; cela vaut mieux, je pense, que les cylindres de métal enduits d'un vernis gras, que M. Lamont emploie à Munich. L'étincelle d'induction, qui fait des trous dans le papier, peut aussi être employée comme moyen d'enregistrer les indications des instruments, mais ce moyen doit être peu commode.

Il me reste à décrire encore quelques anémographes d'invention récente. Voici d'abord celui de Kreil :

Dans l'anémographe de Kreil, la girouette fait monter et descendre un crayon par l'intermédiaire d'une vis et d'un écrou, mais le crayon sort des limites du tableau quand la girouette fait plusieurs tours de suite, ainsi que cela arrive de temps à autre. Kreil l'avoue avec une naïveté admirable : mais cela ne l'a pas empêché de publier son appareil, ni M. Schmidt d'en reproduire la description avec des figures encombrantes, dans son *Traité de météorologie*, où cela prend la place de choses plus utiles. « On peut ainsi, dit Kreil, perdre une partie du tracé ; mais cela n'est encore arrivé que rarement, et seulement par les jours calmes. » Comment le sait-il ? La force du vent est enregistrée chez Kreil par un crayon attaché au fil qui dépend d'un anémomètre de pression (tablettes que le vent soulève). Les deux crayons tracent à côté l'un de l'autre sur une feuille de papier tendue sur un cadre qu'une horloge entraîne horizontalement. On ferait disparaître l'inconvénient signalé plus haut, en faisant agir la girouette par un simple pas de vis sur deux porte-crayon que deux ressorts ramèneraient toujours aux deux extrémités opposées du pas de vis quand la rotation leur aurait fait perdre leur point d'appui. Le premier crayon monterait quand la girouette tournerait du nord à l'est, et après chaque tour complet il redescendrait brusquement à la ligne marquée N ; pendant ce temps, l'autre crayon resterait immobile sur la seconde ligne N, limite supérieure des courbes ; ce crayon fonctionnerait à son tour quand la rotation aurait lieu du nord à l'ouest.

L'anémographe de M. Jelineck se compose d'une girouette en Y et d'un ressort à boudin que le vent comprime. La girouette fait tourner un grand cylindre creux, qui porte un crayon, autour d'un cylindre plein recouvert de papier ; ce dernier s'abaisse lentement par l'effet d'un mouvement d'horlogerie. Le ressort agit par un fil sur un levier qui fait marcher un second crayon horizontalement sur une tablette qui descend verticalement. C'est l'anémomètre d'Osler perfectionné (?).

Le petit appareil d'étude que le professeur Parnisetti a exposé dans la section italienne enregistre le chemin parcouru par le vent sur un disque tournant : le crayon marche de la circonférence au centre, les heures sont marquées sur le contour du disque. Ce système n'a rien qui le recommande.

A l'avant-dernière réunion de l'Association britannique (1866), MM. Casella et Beckley ont présenté un anémographe qu'ils disent être très-commode et peu dispendieux ; mais il est difficile de deviner, d'après la note publiée, de quel système il s'agit ici. Ils emploient, disent-ils, le *tap and dye principle ;* la vitesse du vent est gravée (*embossed ?*) et la direction imprimée par une flèche sur une bande de papier sur laquelle l'heure est donnée également. Serait-ce le système suivant ?

Sous un crayon fixe, une feuille de papier se déplace horizontalement ; elle est entraînée d'avant en arrière par un mouvement d'horlogerie fixé sur le même châssis, et ce châssis marche de droite à gauche sous l'influence d'un moulinet de Robinson. Le crayon trace ainsi une courbe diagonale qui fait connaître les vitesses. Autour du crayon la girouette fait tourner une flèche horizontale, sur laquelle un marteau frappe à des intervalles déterminés de sorte qu'elle s'imprime sur le papier. On pourrait aussi faire mouvoir le papier dans un sens et le crayon avec le rouage et la flèche dans l'autre ; la girouette agirait sur la flèche par un arbre cannelé le long duquel marcherait le crayon.

Enfin, on pourrait encore supprimer le crayon et ne conserver que la flèche orientée par la girouette ; cette flèche s'imprimerait sur le papier, entraîné par une horloge, après un nombre déterminé de tours du moulinet ; elle indiquerait la direction, et le nombre des flèches comprises dans une longueur donnée ferait connaître la vitesse du vent. Un moulinet de Woltmann fixé à la girouette pourrait déterminer l'impression de la flèche en agissant sur un fil ou sur un piston caché dans l'arbre de la girouette.

Si l'on faisait entraîner le papier par le moulinet en chargeant l'horloge d'agir périodiquement sur la flèche, ce serait la distance des flèches qui indiquerait la vitesse des courants d'air.

Il m'est venu à l'idée un autre système qui permettrait de lire la vitesse et la direction du vent sur la même courbe. La girouette oriente un cylindre vertical en face duquel un mouvement d'horlogerie fait descendre un crayon guidé par une tige verticale ; ce crayon trace la courbe des directions. Pour avoir les vitesses, il suffit d'interrompre le tracé ou d'imprimer une marque à côté de la courbe chaque fois qu'un moulinet de Robinson a fait un nombre de tours déterminé; le nombre des marques comprises entre deux niveaux du crayon donne le chemin que le vent a parcouru dans l'intervalle de temps correspondant.

A cet effet, à côté du fil qui porte le crayon, un second fil se dévide d'un tambour semblable à celui du premier fil et fixé sur le même axe horizontal; si ce fil reçoit une secousse, il fait reculer le crayon qu'un ressort presse contre le cylindre, ou bien il pousse contre le cylindre un second crayon disposé à côté du premier et qui ordinairement ne trace pas. La secousse s'obtient comme il suit : le tambour du second fil est fixé sur l'axe de rotation par un ressort qui lui permet de reculer lorsqu'il rencontre un obstacle momentané; le mouvement de recul produit la secousse, l'obstacle est une cheville fixée sur l'une des roues de l'anémomètre.

Au lieu de produire les secousses par un fil auxiliaire, il serait plus simple de les déterminer par une lame verticale, terminée en haut par une roue horizontale, qui ferait un tour quand le moulinet en ferait, par exemple, cent. Chaque fois que la lame rencontrerait le crayon auxiliaire, ce dernier ferait un point à côté de la courbe des directions. On pourrait même se contenter du crayon qui fait les points, car il est inutile de marquer la direction des courants d'air dont la vitesse est insensible. On aurait ainsi un anémographe complet, peu dispendieux et facile à construire. Le cylindre pourrait être en bois et d'un diamètre de 2 à 3 centimètres seulement, qui donnerait de 6 à 10 centimètres de circonférence à la rose des vents. Une longueur de 0^m.85 permettrait de donner 5 millimètres de course par heure au crayon, en renouvelant le papier une fois par semaine. Une espace de 1 centimètre correspondrait alors à un intervalle de deux heures. Un vent frais fait 35 kilomètres à l'heure, ou 70 kilomètres en deux heures, qui pourraient se représenter sur une longueur de 1 centimètre par sept marques, correspondant chacune à 10 kilomètres. Quand la girouette oscille, l'espace sur lequel se distribuent les points est plus considérable, parce que le tracé se développe alors en courbe. Si l'on trouvait néanmoins que sept points sur 1 centimètre ne sont pas assez lisibles, on pourrait donner à chaque marque la valeur de 20 kilomètres. Un moulinet de 1 mètre de diamètre fait un tour pendant que le vent parcourt à peu près 10 mètres, ou bien 100 tours par kilomètre; il faudrait donc obtenir une marque après 1000 ou 2000 tours du moulinet; c'est le rapport dans lequel il faudrait ralentir la rotation du moulinet en la transmettant au mécanisme qui produit les marques. Je pense que les frais de construction de cet anémomètre seraient peu considérables.

Pour terminer cette longue énumération d'appareils météorographiques, je mentionnerai encore les ombromètres qui mesurent la pluie correspondant à tel ou tel vent. Dans l'ombromètre-girouette de Legeler (1837), le réservoir tourne avec la girouette de manière qu'un tuyau d'écoulement passe au-dessus d'une couronne d'éprouvettes dans lesquelles se déverse l'eau recueillie. Chaque éprouvette correspond à un vent déterminé, et l'on sait ainsi combien d'eau chaque vent a apportée. En outre, un crochet fixé à la base de la tige verticale produit dans une auge circulaire, remplie de sable, un sillon qui fait connaître les oscillations des vents. Cet appareil n'est d'ailleurs qu'une modification de ceux qui avaient été proposés par Knox et par Flaugergues. On retrouve la même disposition dans le « pluviomètre anémométrique » de M. Du Moncel, où les éprouvettes sont remplacées par une bassine circulaire en zinc.

Je me dispenserai de décrire ici les ombromètres simples (*hyétomètres, udomètres, pluviomètres, pluvioscopes*. etc.), qui ne servent qu'à mesurer la pluie sans distinction des vents qui l'ont produite; les plus connus sont ceux de John Taylor, Horner, Kreil Babinet, Hervé Mangon, etc.

Il est évident que les principes exposés plus haut pourraient s'appliquer à l'enregistrement de la plupart des phénomènes météorologiques; mais ce qui reste à faire. c'est de convenir d'un système uniforme qui pourrait être adopté par tous les observatoires. Si dans un grand nombre de stations les circonstances atmosphériques étaient enregistrées d'une manière continue par des machines, combinées partout d'après les mêmes principes, on pourrait enfin songer à former les archives du temps, et la météorogie deviendrait peut-être une science exacte.

Le stroboscope.

La persistance des impressions lumineuses que reçoit la rétine donne lieu à une foule d'expériences très-intéressantes et sert de principe à différents instruments dont les effets surprennent beaucoup au premier abord. M. Plateau a montré que si l'on veut étudier à son aise un objet en mouvement rapide, il suffit pour cela de le regarder à travers les fentes équidistantes d'un disque de carton noirci, auquel on imprime une rotation rapide. Supposons que l'objet ait un mouvement périodique, que ce soit, par exemple, une corde en vibration, un charbon ardent que l'on fait tourner en fronde, etc., ou qu'une succession d'objets sem-, blables, tels que les rais ou les dents d'une roue, viennent l'un après l'autre occuper les mêmes places. Si la vitesse de rotation du disque est telle que chaque fois qu'une fente passe devant l'œil, le même objet ou les objets semblables se retrouvent dans la même position, la rétine reçoit une suite d'impressions identiques que leur persistance liera entre elles et d'où résultera l'illusion d'un objet ou d'une suite d'objets immobiles, ayant, ou à très-peu près, la forme réelle des objets qu'on observe. Ainsi, une roue qui tourne assez rapidement pour que ses rais paraissent se confondre, semble parfaitement immobile lorsqu'on la regarde à travers un disque animé d'une vitesse convenable. La flamme d'une chandelle, soumise à ce genre d'observation, offre des particularités curieuses. On sait qu'une pareille flamme semble prendre de temps à autre un mouvement oscillatoire rapide, dans le sens vertical. Si, dans un de ces moments, on la regarde à travers le disque tournant, on voit la partie supérieure partagée en plusieurs portions distinctes, superposées et séparées par des espaces noirs. Il semble donc que la flamme lance de son sommet une suite de flammes partielles qui s'élèvent comme des fusées (1).

C'est sur ce même principe que reposent les effets du *fantascope* ou *phénakistiscope*, dont la première idée est due à M. Plateau, ainsi que ceux des *disques stroboscopiques*, dont Stampfer a publié la description en 1833, sans connaître l'invention de M. Plateau, qui date de 1832. Ces appareils consistent également en un disque, percé d'une série de trous équidistants, que l'on fait tourner avec un autre disque sur lequel sont peintes de petites figures représentant le même sujet dans des attitudes graduellement différentes. La persistance des impressions fait que ces images se composent pour produire l'illusion d'une impression continue : le sujet semble s'animer et prendre successivement les attitudes dans lesquelles il est représenté. Au lieu de regarder le carton peint à travers le carton troué, on peut appliquer le dessin sur le revers de ce dernier et le faire tourner devant une glace. Dans le *thaumatrope*, inventé par le docteur Paris, des portions de dessin se composent pour former un dessin complet ; dans le *pseudoscope* de M. Plateau, des figures difformes produisent l'impression d'un dessin régulier ; dans l'*anorthoscope* on peut étudier les phénomènes produits par deux roues qui tournent en sens inverse, etc.

M. Tœpler a fait récemment une application très-intéressante de ces phénomènes à l'étude des vibrations sonores (2). Il ne paraît pas avoir eu connaissance des expériences de M. Plateau, qui viennent d'être citées ; il ne mentionne, dans l'introduction de son mémoire, que trois applications semblables du principe stroboscopique : l'une a été faite par M. Rogers, qui éclairait par la lumière intermittente d'une flamme résonnante un rayon blanc, peint sur un disque noir qui tournait rapidement ; l'autre est due à M. Magnus, qui a observé à travers les fentes d'un disque tournant les phénomènes de la veine liquide ; la troisième, qui est la plus ancienne, a été imaginée par Savart : il regardait la veine liquide se projetant sur un ruban mobile divisé en raies transversales, alternativement blanches et noires.

M. Tœpler applique les disques tournants à l'étude des vibrations des cordes et des tiges solides et à l'analyse optique des flammes sonores. Il fait voir que par ce moyen on peut à volonté immobiliser le point vibrant ou en ralentir les oscillations dans une proportion telle, qu'il devient facile de les compter directement. Supposons, en effet, que le point qui oscille

---

(1) Moigno, *Répertoire d'optique moderne*, t. II, p. 568.
(2) *Annales de Poggendorff*, 1866, n° 5.

ne soit visible qu'à des intervalles réguliers, et que d'un intervalle à l'autre la phase se trouve en avance ou en retard d'une fraction $\frac{1}{a}$ d'une vibration complète, il est clair qu'après un nombre a d'apparitions le point semblera avoir parcouru le cycle entier des phases qui constitue une vibration, en d'autres termes, qu'il aura fait une vibration *apparente*. Mais il est nécessaire que les fractions $\frac{1}{a}$, $\frac{2}{a}$, $\frac{3}{a}$.... forment une série d'images assez nombreuses pour produire l'impression totale d'une vibration.

Ce phénomène peut aussi servir à compter les vibrations réelles. Soit n le nombre des vibrations et m celui des apparitions que le corps vibrant fait pendant le même temps, par exemple dans une seconde. Si on règle les apparitions de telle manière que le rapport des périodes m et n soit un nombre entier ($n = mx$, ou bien $m = nx$), le point vibrant paraîtra *immobile*.

Dans le cas où n sera un multiple de m, on verra un seul point fixe, car d'une apparition à la suivante il y a toujours x vibrations complètes, le corps sera donc constamment vu dans la même phase. L'image s'élargira seulement lorsque m décroîtra de manière à être égal à la moitié, au tiers, au quart de n, parce que la *durée* des apparitions augmente quand la vitesse de rotation diminue.

Si, au contraire, m est un multiple exact de n, il y a x apparitions pendant chaque vibration, et les phases correspondantes $\frac{1}{x}$, $\frac{2}{x}$, $\frac{3}{x}$,... 1 formeront x points distincts et tous immobiles, puisqu'elles se superposent pour l'œil à chaque nouvelle apparition. Dans ce cas, on pourra conclure que $n = \frac{m}{x}$; dans le premier cas, x restera inconnu, et il faudra déterminer ce nombre entier en évaluant le rapport musical $\frac{m}{n}$ par l'oreille. Ensuite on aura $n = xm$.

M. Tœpler emploie les disques stroboscopiques de deux manières : soit en regardant au travers, soit en faisant passer par les orifices la lumière d'un héliostat qui éclaire alors le corps vibrant d'une manière intermittente. De cette façon, plusieurs personnes peuvent considérer à la fois le même objet, soit directement, soit à l'aide d'une loupe. On peut aussi projeter les images sur un écran. Les disques peuvent être percés de plusieurs séries de trous concentriques. Soit p le nombre des ouvertures d'une série, r le nombre de tours par seconde, on aura $m = pr$. M. Tœpler a aussi essayé de remplacer le disque par un pendule, en fixant sur l'une des branches d'un diapason un écran noir, percé d'un petit trou par lequel on regarde en appliquant sur l'œil un autre écran troué. M. Tœpler a trouvé que, de cette manière, les expériences étaient plus difficiles : c'est sans doute parce qu'il n'a pas eu à sa disposition des diapasons convenables. Avec un diapason à branches très-minces, dont les excursions sont très-grandes, il doit être facile d'obtenir les mêmes effets qu'avec les disques, et l'on a l'avantage de connaître exactement le nombre des vibrations de l'écran percé. Pour modifier la vitesse du diapason, on fait glisser sur les branches deux poids mobiles ; on peut ainsi parcourir toute un octave. Si maintenant on déplace les poids jusqu'à ce que le corps vibrant que l'on regarde à travers l'écran percé semble parfaitement immobile, le nombre des vibrations réelles que l'on cherche est un multiple exact des vibrations du diapason, lesquelles peuvent se lire sur les branches, aux endroits où se trouvent les curseurs.

Pour transformer le diapason du comparateur optique de M. Lissajous en diapason stroboscopique, il suffirait de remplacer les contre-poids de la branche inférieure par un écran percé ; la branche supérieure, qui porte l'objectif du microscope, servirait alors comme comparateur, la branche inférieure comme pendule stroboscopique, et l'on pourrait ainsi, avec le même appareil, étudier les vibrations des corps élastiques par deux méthodes différentes.

On pourrait aussi déterminer la vitesse de rotation d'un disque percé d'ouvertures équidistantes en observant à travers ce disque un diapason dont on connaît la note, ou dont on peut régler les vibrations par un curseur. Le principe, on le voit, est très-fécond et mériterait d'être appliqué d'une manière plus générale.

Il faut maintenant voir ce qui arrivera quand le rapport des périodes m, n n'est pas un nombre entier, ou quand la division donne un reste y (positif ou négatif). Ici on rencontre certaines difficultés dont M. Tœpler ne paraît pas s'être rendu un compte exact.

Supposons d'abord que le reste y soit un diviseur commun des deux nombres m et n et faisons $m = ay$. L'intervalle d'une apparition à la suivante est égal à $\frac{n}{m}$ vibrations. Si d'abord nous aurons :

$$n = mx \pm y,$$

$$\frac{n}{m} = x \pm \frac{1}{a}.$$

Par conséquent, dans l'intervalle de deux apparitions la phase avance d'un nombre entier de vibrations x, ce qui la laisse intacte, et d'une fraction $\pm \frac{1}{a}$, qui seule nous intéresse ici.

Après un nombre a d'apparitions, cette fraction sera devenue égale à l'unité, la phase aura parcouru le cycle d'une vibration, le corps que l'on observe aura fait une oscillation apparente. Au bout d'une seconde, c'est-à-dire après un nombre $m = ay$ d'apparitions, celui des oscillations apparentes sera y. Ces oscillations seront directes ou rétrogrades, suivant que le reste y sera positif ou négatif.

Supposons maintenant que

$$m = nx \pm y.$$

On aura :

$$nx = m \mp y$$

et

$$\frac{nx}{m} = 1 \mp \frac{1}{a}.$$

Il s'ensuit qu'après un nombre x d'apparitions, ou après un intervalle de $\frac{nx}{m}$ vibrations, on verra toujours une phase avancée d'une vibration entière et de la fraction positive ou négative $\frac{1}{a}$; après ax apparitions, cette fraction devient égale à l'unité, et les valeurs successsives qu'elle a prises et qui représentent un cycle complet de phases se composent pour figurer une vibration apparente. Quand le corps qui vibre est un simple point lumineux, la vibration apparente sera l'oscillation d'une étoile mobile qui se déplacera lentement. Elle fera une révolution pendant ax apparitions, et y révolutions pendant $ayx = mx$ apparitions, c'est-à-dire en x secondes. Il y aura donc $\frac{y}{x}$ vibrations apparentes par seconde. Mais ces vibrations seront exécutées simultanément par x étoiles, représentant autant de phases déterminées, car les phases $\frac{n}{m}$, $\frac{2n}{m}$, $\frac{3n}{m}$, ... $\frac{xn}{m}$ commencent chacune une étoile en se combinant avec les phases éloignées de $\frac{xn}{m}$, de $\frac{2xn}{m}$, ... vibrations. Les vibrations sont directes quand le reste y est négatif, et renversées ou rétrogrades quand y est positif.

M. Tœpler a examiné par ce moyen les flammes vibrantes, les cordes, les ligaments vocaux du larynx, le caléidophone, etc. On sait que le caléidophone est une tige terminée par une perle brillante, qui décrit les figures optiques de M. Lissajous. Lorsqu'on regarde le point brillant à travers un disque stroboscopique à l'unisson des vibrations de la tige, le point semble s'immobiliser, la courbe se change en une petite étoile ; si le disque va deux fois plus lentement, le phénomène est le même, seulement l'étoile prend une certaine largeur parce que l'orifice à travers lequel on regarde reste plus longtemps devant l'œil ; une rotation trois fois plus lente donne un trait brillant encore plus large, et ainsi de suite. Quand la période de visibilité n'est pas un sous-multiple exact des vibrations de la tige, la petite étoile décrit lentement l'orbite qui, dans les circonstances ordinaires, nous apparaît comme un sillon lumineux continu. Si le disque va plus vite que les vibrations de la tige, le phénomène change encore. Supposons, par exemple, que la période de visibilité corresponde à une demi-vibration ; cela arrivera quand deux orifices passent devant l'œil pendant une vibration complète. On verra alors deux étoiles fixes, correspondant à deux phases, qui diffèrent d'une demi-vibration. Pour $m = nx \pm y$ on obtient une constellation mobile de x étoiles, qui se déplacent lentement en se poursuivant, et ressemblent à un collier de perles en mouvement. Elles font ensemble y révolutions en x secondes, mais comme les vitesses ne sont pas les mêmes dans toutes les régions de l'orbite, les points brillants paraissent alternativement écartés et serrés.

Nous avons supposé jusqu'ici que le reste y de la division de m par n ou de n par m était un diviseur commun de ces deux nombres ; voyons maintenant ce qui arrivera quand cette condition ne sera pas remplie. Supposons d'abord que $n = mx \pm y$. Dans l'intervalle de deux apparitions la phase avancera de $\dfrac{n}{m}$ vibrations, le changement visible sera égal à la fraction $\dfrac{y}{m}$, en omettant le nombre entier x, qui ne change pas la phase. Au bout d'une seconde, c'est-à-dire après m apparitions, le changement total sera donc égal à y vibrations entières ; mais l'on ne pourra pas conclure de là qu'il y aura toujours dans le même intervalle y vibrations apparentes. Il faut, en effet, pour cela, que les phases qui se succèdent :

$$\frac{y}{m}, \ 2\frac{y}{m}, \ 3\frac{y}{m}, \ \dots \ m\frac{y}{m},$$

constituent des groupes produisant l'impression de vibrations entières consécutives. Or, il est facile de montrer que cela n'arrivera pas généralement quand m ne sera pas divisible par y. Soit, par exemple, $m = 8$ et $y = 3$.

On verra se suivre les phases

$$\underbrace{\frac{3}{8}, \ \frac{6}{8}}, \ \underbrace{\frac{1}{8}, \ \frac{4}{8}, \ \frac{7}{8}}, \ \underbrace{\frac{2}{8}, \ \frac{5}{8}, \ \frac{8}{8}}.$$

Les deux premières, les trois suivantes et les trois dernières peuvent à la rigueur être réunies et considérées comme des groupes, mais ces groupes successifs ne se ressemblent pas et donnent à peine l'image d'une véritable vibration ; les oscillations s'amplifient et décroissent alternativement comme s'il y avait des battements. Il est vrai que dans la pratique ce procédé ne sera employé que lorsqu'on voudra obtenir des vibrations apparentes d'une grande lenteur, et dès lors il sera permis de supposer la fraction $\dfrac{y}{m}$ assez petite pour que la succession des phases $\dfrac{y}{m}$, $2\dfrac{y}{m}$, ... donne l'image d'une vibration véritable, ou du moins celle d'une vibration peu différente des vibrations réelles qu'il s'agit d'observer. Les mêmes considérations s'appliquent au cas où nous avons $m = nx \pm y$.

En supposant donc que y est assez petit pour que les phases visibles se groupent de manière à composer des vibrations apparentes très-peu rapides, on peut résumer les phénomènes du stroboscope comme il suit :

1° Quand la période de visibilité m est plus petite que le nombre des vibrations réelles n, le nombre des vibrations apparentes est égal au reste y (positif ou négatif) que l'on obtient en divisant n par m. L'image du point vibrant est simple, et s'allonge à mesure que m diminue (quand le disque tourne deux, trois, ... fois moins vite). Les oscillations sont directes quand y est positif.

2° Quand m est plus grand que le nombre des vibrations n, on aperçoit plusieurs images distinctes, dont le nombre x est égal au quotient de $\dfrac{m}{n}$, et qui exécutent ensemble y oscillations en x secondes, y étant le reste (positif ou négatif) de la division. Les oscillations sont directes quand y est négatif.

Ainsi, lorsque $n = 300$ et $m = 99$ (un disque percé de 33 trous qui fait trois tours par seconde), nous avons $y = + 3$, il y aura donc trois oscillations directes par seconde. Si l'on fait tourner le disque plus vite, jusqu'à atteindre une vitesse qui s'exprime par $m = 604$, le reste de la division sera $+ 4$, il y aura quatre vibrations apparentes rétrogrades, accomplies simultanément par deux points, dans l'espace d'une seconde. Pour $m = 596$, on aurait $y = -4$, et, par suite, quatre vibrations directes.

M. Tœpler a exposé, dans la section russe, un *vibroscope universel* fondé sur ce principe et construit par M. Wesselhœft. C'est un disque noirci, percé d'une série de trous circulaires, et qui peut être mis en rotation par un mouvement d'horlogerie. On règle approximative-ment la vitesse de rotation par la hauteur du son qu'on obtient en dirigeant un courant d'air contre les orifices, comme on le fait pour la sirène de Seebeck. Une petite lunette, dis-posée en avant du disque, facilite l'observation. Il serait à souhaiter que l'emploi de cet ap-pareil se généralisât parmi les physiciens.

8132   PARIS. — Typographie de RENOU et MAULDE, rue de Rivoli, 144.